Horst Geschwinde

Einführung in die PLL-Technik

Mit 80 Bildern

Vieweg

CIP-Kurztitelaufnahme der Deutschen Bibliothek

Geschwinde, Horst
Einführung in die PLL-Technik. – 1. Aufl. –
Braunschweig: Vieweg, 1978.

Satz: Vieweg, Braunschweig

Buchbinderische Verarbeitung: W. Langelüddecke, Braunschweig

ISBN-13: 978-3-528-04077-2 e-ISBN-13: 978-3-322-84347-0
DOI: 10.1007/978-3-322-84347-0

Vorwort

Die ständig wachsende Zahl der Teilnehmer im internationalen Nachrichtenverkehr macht die Erschließung immer höherfrequenter Nachrichtenkanäle erforderlich. Sowohl im zivilen wie im militärischen Bereich werden daher an die Konstanz der einzelnen Senderfrequenzen hohe Anforderungen gestellt. Mit Hilfe der PLL-Technik kann dieses Problem elegant gelöst werden, wobei nicht nur die Bedingung nach hoher Frequenzkonstanz der Senderfrequenzen, sondern auch deren Variation in beliebiger Größe erfüllt werden kann.

Das PLL-Prinzip ist inzwischen zum festen Bestandteil der modernen Nachrichtentechnik und der elektronischen Steuerungs- und Meßtechnik geworden. So gelingt es bereits mit dieser Technik, die Ganggenauigkeit elektronischer Armbanduhren durch einen eingebauten Empfänger, der von einer Normalfrequenz angesteuert wird (in der Bundesrepublik Deutschland z.B. Sender Mainflingen auf 77,5 kHz), so exakt zu regeln, daß die jährliche Abweichung im Bereich von Mikrosekunden liegt.

Wie die im Anhang gegebene Literaturübersicht – sie stellt nur einen gewissen Ausschnitt dar – zeigt, gibt es bereits eine große Zahl ausgezeichneter Veröffentlichungen, unter anderem auch in Buchform [2], [7] über dieses Thema. Um eine Abgrenzung gegenüber der bereits vorhandenen Literatur zu erreichen, hat der Autor versucht, die PLL-Technik durch zahlreiche praktische Beispiele aus den verschiedensten Anwendungsgebieten dem Leser verständlich zu machen. Die Theorie dient hierbei nur als vertiefende Stütze zur Einarbeitung. Der gewählte Titel soll diese Absicht unterstreichen. Da der Umfang des Buches begrenzt ist, aber dennoch eine möglichst umfassende Darstellung dieser Technik gegeben wird, erleichtern zahlreiche Bilder das Verständnis dieses von der Theorie her nicht ganz einfachen Stoffes.

Horst Geschwinde

Budenheim, März 1978

Inhaltsverzeichnis

Einleitung: Bedeutung der PLL-Technik

Der Titel des Buches „Einführung in die PLL-Technik" soll den Leser mit einer Technik vertraut machen, deren Ursprung schon einige Jahrzehnte (1932) zurückliegt.

Wegen des relativ großen Schaltungsaufwandes blieb diese Technik lange in ihrer Anwendung ungenutzt. Erst durch die Erfindung des Transistors und der sich daraus entwickelten hochintegrierten Schaltungstechnik wurde man wieder auf dieses äußerst interessante Schaltungsprinzip aufmerksam.

Zunächst stellt sich natürlich die Frage: Was bedeutet die Abkürzung PLL, und was macht diese Technik so bedeutsam?

Die Bezeichnung PLL kommt aus dem angelsächsischen Vokabular und stellt die Abkürzung von *Phase Locked Loop* dar, was in der deutschen Übersetzung soviel wie *eingerastete Phasenschleife* bedeutet. Daneben gibt es noch Bezeichnungen wie: Phasenregelschleife mit phasenstarrer Rückkopplung, Phasensynchronfilter oder Nachlauffilter. Aufgrund der Eigenschaft des PLL-Systems – aus dem Vergleich der Phasenlage zweier Wechselspannungen eine Fehlerspannung zur Frequenznachregelung eines internen freischwingenden Oszillators abzuleiten – gelingt es, aus einer einzigen Quarzfrequenz (Referenzfrequenz) eine Vielzahl von anderen Frequenzen mit gleicher Stabilität zu erzeugen. Hierbei wird der ursprünglich mit geringer Konstanz schwingende Oszillator jeweils in eine bestimmte Frequenzlage eingerastet. Dieses Verfahren, das besonders in der kommerziellen Nachrichtentechnik zu großer Bedeutung gelangt ist, wird unter dem Abschnitt 2.1 eingehend beschrieben und in Abschnitt 2.1.1 durch zahlreiche Anwendungen aus der Praxis verdeutlicht.

Nachbarfrequenzen haben keinen Einfluß bei richtiger Dimensionierung, da der Phasenregelkreis, wie wir unser PLL-System zunächst bezeichnen wollen, ein sog. selektives Verhalten zeigt, d.h., es besteht immer nur für *diejenige Frequenz* mit dem Oszillator ein Synchronismus, die *innerhalb* des sog. *Fangbereiches* liegt. Damit lassen sich, wie untre Abschnitt 2.2 beschrieben, sogar verrauschte Signale wieder reproduzieren und von Störsignalen befreien.

Das PLL-System ist weiterhin prädestiniert als Demodulator für Frequenz- und Amplituden-Modulation sowie als Stereodecoder und zur Messung von Phasenwinkeln und Impedanzen geeignet. Auch in der Starkstromtechnik hat die PLL-Technik Anwendung gefunden, so z.B. zur exakten Motordrehzahlregelung oder zur dezentralen Anzeige von phasenstarren Störsignalen [7, 35].

Diese Aufzählung, die sich in Zukunft noch erweitern wird, zeigt deutlich die Vielseitigkeit dieses Systems. Aus diesem Grunde ist es durchaus nützlich, vor der Anwendung dieser Technik, die wesentlichsten Grundlagen in einer nicht zu komplizierten mathematischen Darstellung kennenzulernen. Es soll aber nicht verschwiegen werden, daß die streng mathematische Behandlung dieses Prinzips eine hohe Anforderung an das Verständnis des Lesers stellen würde. Trotzdem läßt sich aber das sog. lineare Verhalten der Phasenregelschleife, die ja das eigentliche PLL-System bildet, mit Hilfe einfacher trigonometrischer Funktionen verständlich machen [1]. Erst bei der Behandlung des digitalen PLL-Systems, speziell für den Aufbau eines Synthesizers, wird auf die dynamische Stabilität mit Hilfe regeltechnischer Begriffe eingegangen und Dimensionierungsvorschriften für das aktive Tiefpaßfilter abgeleitet. Den mathematisch interessierten Lesern werden im Anhang entsprechende Literaturnachweise angegeben.

Der Autor hat sich im Rahmen des Buches bemüht, für die aufgezählten Anwendungen an Hand geeigneter Beispiele, wenn auch meist in Blockschaltbildern dargestellt, das Prinzip der PLL-Technik so transparent wie möglich zu machen, so daß der Leser eigene Entwürfe ausführen kann. Trotzdem soll das Buch nicht den Charakter eines reinen Lehrbuches haben, sondern eine Hilfe für den Praktiker sein.

1 Theoretische Grundlagen der PLL-Technik

1.1 Blockschema einer linearen PLL-Schaltung und seine Funktionsweise

Wie in der Einleitung ausgeführt wurde, liegt der PLL-Technik ein spezieller Regelprozeß zugrunde, der im wesentlichen die Funktion einer Frequenz-Nachlaufsteuerung erfüllen muß.

Bild 1 zeigt das Grundschaltbild eines PLL-Systems. Die Hauptelemente im sog. Vorwärtssystem sind der Phasenvergleicher (mit PD abgekürzt), der Tiefpaß (TP) und der an sich freischwingende, meist spannungsgesteuerte Oszillator (VCO = Voltage Controlled Oszillator). Im sog. Rückwärtssystem (auch Rückkopplungszweig genannt) liegt hier ein in der Regel programmierbarer Teiler (N : 1), dem, wie wir später unter Abschnitt 2.1 noch sehen werden, auch feste Vorteiler vorgeschaltet sein können.

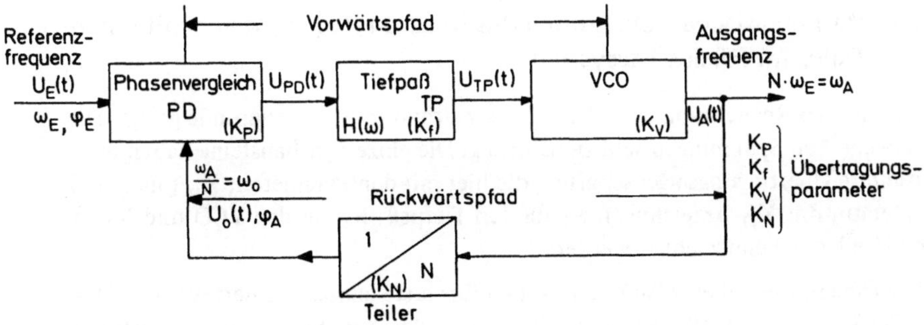

Bild 1 Blockschaltbild eines PLL-Systems

Der Wirkungsweise dieses Systems, das unter Abschnitt 1.2 mathematisch behandelt wird, liegt der nachstehende Prozeß zugrunde: Bild 1 zeigt, daß durch das Anlegen, sowohl eines hochkonstanten Referenzfrequenzsignales $U_E(t)$, ω_E, φ_E als auch des rückgeführten VCO-Signales $U_0(t)$, ω_A/N, φ_A an den PD, eine Vergleichsgröße (Spannung) $U_{PD}(t)$ gebildet wird. Diese stellt nach Filterung durch einen geeigneten Tiefpaß die sog. Regelspannung $U_{TP}(t)$ für den VCO dar.

Die Rechnung wird zeigen, daß diese Regelspannung eine Funktion der Phasenverschiebung zwischen dem Referenz- und dem Ausgangssignal ist. Gleichzeitig stehen aber Frequenzabweichung und Phasenverschiebung so miteinander in Beziehung, daß durch den Phasenvergleich eine Synchronisation der VCO-Frequenz mit der Referenzfrequenz unter ganz bestimmten Voraussetzungen erreicht wird. Da das Zustandekommen der gewünschten Synchronisation des VCO im wesentlichen von der Art des PD-Systems und des Tiefpasses (auch Schleifenfilter genannt) abhängt, soll im Rahmen dieses Buches das sehr komplexe Verhalten auf den linearen PD (als Typ 1 bezeichnet) und den digitalen Typ (als Typ 4 bezeichnet) mit aktivem Tiefpaßfilter beschränkt werden (s. Anhang).

In der Behandlung des linearen PD – der Ausdruck *linear* bedeutet, daß die Schaltung aus Analog-Bausteinen mit linearer Kennlinie besteht und nur im linearen Bereich mit sinusförmigen Signalen betrieben werden soll – werden wir das Prinzip der Regelschleife recht gut verstehen lernen.

Wir werden später im Rahmen der Anwendungen sehen, daß dieser Typ für Aufgaben eingesetzt wird, für die digitale Typen nicht in Frage kommen. Andererseits werden wir aber auch die außerordentliche Vielseitigkeit des digitalen PLL-Systems, das Rechtecksignale verwendet, in bezug auf seinen Einsatz schätzen lernen.

1.2 Mathematische Behandlung des linearen PLL-Systems mit einem Teiler im Rückwärtssystem

Für unseren Rechengang wird das Blockschaltbild in Bild 1 zugrunde gelegt. Die verwendeten Spannungen sind sinusförmig. Die einzelnen Bausteine haben bestimmte Übertragungseigenschaften, die hier mit den Parametern K_p (auch in der Literatur mit K_D bezeichnet), K_f für den Tiefpaß, K_v für den VCO und K_N für den Teiler, gekennzeichnet werden.

Die Dimensionen dieser Parameter sollen fürs erste ausgeklammert werden. Das VCO-Signal $U_A(t)$ läßt sich nach Bild 1 unter der Annahme einer Cosinusfunktion in folgender Form ausdrücken

$$U_A(t) = \hat{U}_A \cos N(\omega_0 t + 2\pi K_v U_{TP} + \varphi_A)\,. \tag{1}$$

Nach Durchlaufen des Teilers ergibt sich als Ausgangsspannung der Wert $U_0(t)$, der sich ebenfalls als Cosinusfunktion in der Form

$$U_0(t) = \hat{U}_0 K_N \cos(\omega_0 t + 2\pi K_v U_{TP} + \varphi_A) \tag{2}$$

darstellen läßt.

Der Phasenvergleichsstufe (PD) werden nun das Referenzsignal (Eingangssignal)

$$U_E(t) = \hat{U}_E \cos(\omega_E t + \varphi_E) \tag{3}$$

und das Spannungssignal aus Gl. (2) zugeführt. Die Wirkungsweise des linearen PD ist im Prinzip nichts anderes als eine *Multiplikation* (engl. multiplier).

Das Ergebnis der Multiplikation der Spannungen aus Gl. (2) und Gl. (3) liefert unter Zuhilfenahme der Additions-Theoreme

$$\cos(x \pm y) = \cos x \cos y \mp \sin x \sin y \tag{4a}$$

und

$$\cos x \cos y = \tfrac{1}{2}\,[\cos(x+y) + \cos(x-y)] \tag{4b}$$

für die Ausgangsspannung hinter der Phasenvergleichsstufe (PD) den Ausdruck

$$U_{PD}(t) = \hat{U}_0\,\hat{U}_E\,K_p\,K_N \cos(\omega_E t + \varphi_E)\cos(\omega_0 t + 2\pi K_v U_{TP} t + \varphi_A)$$

bzw. mit Gl. (4b)

$$U_{PD}(t) = \tfrac{1}{2}\,\hat{U}_0\,\hat{U}_E\,K_p\,K_N\,\{\cos[(\omega_E + \omega_0 + 2\pi K_v U_{TP})\,t + \varphi_E + \varphi_A] + \\ + \cos[(\omega_E - \omega_0 - 2\pi K_v U_{TP})\,t + \varphi_E - \varphi_A]\}\,. \tag{5}$$

Wie Gl. (5) zeigt, entstehen Spannungen der Summen- und Differenzfrequenz, sowie ein Gleichspannungsanteil; dieser ist, wie sich noch zeigen wird, von der gegenseitigen Phasenlage φ_E, φ_A abhängig. Um einen eindeutigen Einrastvorgang (Synchronisation) zu erhalten, muß die Summenfrequenz durch ein entsprechendes Filter (Tiefpaß) unterdrückt werden. Hinter der PD-Stufe folgt daher ein zunächst ideal angenommener Tiefpaß, dessen Übertragungsfunktion durch Gl. (6) beschrieben wird.

$$H(\omega) = \begin{bmatrix} 1 \text{ für } \omega < \omega_{gr} = \text{Grenzfrequenz des Tiefpasses im Durchlaßbereich} \\ 0 \text{ für } \omega > \omega_{gr} = \text{Grenzfrequenz des Tiefpasses im Sperrbereich} \end{bmatrix} \tag{6}$$

Für diesen Fall läßt der Tiefpaß aus Gl. (5) nur den niederfrequenten Anteil durch:

$$U_{TP}(t) = H(\omega)\,U_{PD}(t) = \tfrac{1}{2}\,\hat{U}_0\,\hat{U}_E K_p K_N \cos[(\omega_E - \omega_0 - 2\pi K_v U_{TP})\,t + \varphi_E - \varphi_A]. \tag{7}$$

Diese Spannung stellt die *Steuerspannung* für den VCO dar. Da sich in unserem Blockschaltbild (Bild 1) im Rückwärtszweig ein Teiler befindet – seine Funktion wird später in Abschnitt 2.1 erklärt – und, da seine Ausgangsspannung rechteckförmig ist, muß $U_{PD}(t)$ mit Hilfe der Fourier-Analyse berechnet werden. Es läßt sich die periodische Rechteckschwingung in eine Reihe entwickeln, deren Glieder harmonische Cosinus-Funktionen sind. Damit wird

$$U_0(t) = \frac{\hat{U}_0'}{4\pi} \sum_{m=0}^{\infty} (-1)^m \frac{\cos[(2m+1)\,z]}{(2m+1)} \tag{8}$$

mit $z = (\omega_0 + 2\pi K_v U_{TP})\,t + \varphi_A$.

Für $U_{TP}(t)$ ergibt sich dann unter Einsetzen von Gl. (8) in Gl. (7) und mit Anwendung von Gl. (4b)

$$U_{TP}(t) = \frac{2\,\hat{U}_0'\hat{U}_E K_p K_N}{\pi} \cos[(\omega_E - \omega_0 - 2\pi K_v U_{TP})\,t + \varphi_E - \varphi_A]. \tag{9}$$

Im Vergleich mit Gl. (7) unterscheidet sich Gl. (9) lediglich durch eine Amplitudenänderung der rückgeführten Teilerspannung, während das Argument der Cosinusfunktion unverändert bleibt. Die Gleichung (9) soll nun als Grundlage für die Eigenschaften des PLL-Systems dienen. Wie schon in der Einleitung ausgeführt wurde, soll der freischwingende VCO mit der Frequenz des Eingangssignals gleichfrequent, d.h. synchronisiert werden. Wenn dieser Fall eingetreten ist, sprechen wir von einer *eingerasteten* Phasenregelschleife. Dieser Fall ist dann gegeben, wenn durch die VCO-Regelspannung $U_{TP}(t)$ seine Frequenz vergrößert oder verringert wird, damit in Gl. (9)

$$\omega_E - \omega_0 - 2\pi K_v U_{TP} = 0 \quad \text{bzw.} \quad \omega_E = \omega_0 + 2\pi K_v U_{TP} \tag{10}$$

wird.

In diesem Fall kann ω_0 ω_E folgen. Hierbei darf die Differenz zwischen ω_0 und ω_E einen bestimmten Wert nicht überschreiten; man bezeichnet ihn daher mit dem Ausdruck *Haltebereich.* Zur Berechnung dieses Wertes setzt man Gl. (10) in Gl. (9) ein; man erhält hierfür einen ganz bestimmten U_{TP}-Wert, der sich als

$$U_{TP}^* = \frac{2\,\hat{U}_0'\hat{U}_E}{\pi} K_p K_N \cos(\varphi_E - \varphi_A) = \frac{\omega_E - \omega_0}{2\pi K_v} \tag{11}$$

ausdrücken läßt.

Gl. (11) zeigt, daß die Frequenzdifferenz $\Delta\omega = \omega_E - \omega_0$ betragsmäßig dann am größten ist, wenn $\cos(\varphi_E - \varphi_A)$ seinen größten Wert erreicht. Da bekanntlich

$$\cos|(\varphi_E - \varphi_A)| \leqslant 1 \tag{12}$$

werden kann, ergibt sich so für $\omega_E - \omega_0$ mit $\cos|(\varphi_E - \varphi_A)| = 1$ als Grenzwert und in Gl. (11) eingesetzt:

$$|\omega_E - \omega_0| \leqslant 4\,\hat{U}_0'\hat{U}_E K_p K_v K_N. \tag{13}$$

Der Haltebereich, gleich zulässige Frequenzdifferenz, ist dann

$$|\omega_E - \omega_0|_{max} = \Delta\omega_H = 4\,\hat{U}_0'\hat{U}_E K_p K_v K_N. \tag{14}$$

Wie man aus Gl. (14) erkennt, ist $\Delta\omega_H$ von der *Eingangsamplitude* des *Referenzsignales* und dem *Produkt* der *Übertragungsparameter* abhängig, wobei die Amplitude der Teilerausgangsspannung $\hat{U}'_0$ als konstant angenommen werden kann. Der Haltebereich erstreckt sich symmetrisch zu ω_{0R} (f_{0R}) (s. Bilder 7a und 7b).

Aus Gl. (11) und Gl. (13) geht hervor, daß die Phasendifferenz an den Grenzen des Haltebereiches die Werte

$$\varphi_E - \varphi_A = 180^\circ \quad \text{und} \quad \varphi_E - \varphi_A = 0^\circ \ (360^\circ)$$

annimmt.

Eine weitere wichtige Voraussetzung für das Einrasten der PLL-Schleife ist, daß die Frequenzdifferenz $\omega_E - \omega_0$ unterschritten werden kann. Nur so kann der Oszillator seine Frequenz nachregeln, damit Gl. (10) erfüllt ist. Diese Frequenzdifferenz wird als *Fangbereich* $\Delta\omega_F$ bezeichnet; dieser kann nicht größer als der Haltebereich sein. Außerhalb von $\Delta\omega_H$ kann wegen Gl. (11) und Gl. (12) keine Synchronisation erfolgen.

Bevor auf den eigentlichen Synchronisationsprozeß bei Verwendung eines realen Tiefpasses eingegangen wird, soll das Verhalten unseres PLL-Kreises für den Fall der *Frequenzgleichheit* von $\omega_E = \omega_0$ bzw. $\omega_E - \omega_0 = 0$ betrachtet werden. Aus Gl. (11) läßt sich für diesen Fall erkennen, daß die Phasendifferenz

$$\varphi_E - \varphi_A = \left| \begin{matrix} +90^\circ = -270^\circ \\ -90^\circ = +270^\circ \end{matrix} \right| \tag{15}$$

nach erfolgter Synchronisation werden kann.

Hier ist die Frage zu untersuchen, ob beide Lösungen zu einem stabilen oder auch labilen Synchronisationzustand führen.

Aus Gl. (9) folgt für $\omega_E - \omega_0 = 0$ gesetzt

$$U_{TP}(t) = \frac{2\,\hat{U}'_0\,\hat{U}_E K_p K_N}{\pi} \cos(-2\pi K_v U_{TP} t + \varphi_E - \varphi_A). \tag{16}$$

Diese Gleichung läßt sich unter Benutzung von Gl. (4a) in die Form

$$U_{TP}(t) = \frac{2\,\hat{U}'_0\,\hat{U}_E K_p K_N}{\pi} [\cos(-2\pi K_v U_{TP} t)\cos(\varphi_E - \varphi_A) - \\ - \sin(-2\pi K_v U_{TP} t)\sin(\varphi_E - \varphi_A)] \tag{17}$$

überführen.

Entwickelt man weiter die Glieder $\sin(-2\pi K_v U_{TP} t)$ und $\cos(-2\pi K_v U_{TP} t)$ in eine Reihe, so kann man diese unter Ansetzung eines kleinen Wertes für t nach den linearen Gliedern abbrechen. Auf diese Weise erhält man mit U_{TP}^* aus Gl. (11) für $U_{TP}(t)$ die Gleichung

$$U_{TP}(t) = U_{TP}^* \left[1 + \frac{2\,\hat{U}_0' U_E K_p K_N}{\pi}\, 2\pi K_v t \sin(\varphi_E - \varphi_A)\right]. \tag{18}$$

Wie man aus Gl. (18) und mit U_{TP}^* aus Gl. (11) erkennt, hängt $U_{TP}(t)$ also vom Sinus und Cosinus der Phasendifferenz $\varphi_E - \varphi_A$ ab.

Es läßt sich nun der Verlauf von $U_{TP}(t)$ unter Verwendung des Vorzeichenschemas der Sinus- und Cosinus-Funktionen in den vier Quadranten als Funktion der Phasen-

	Quadranten I	II	III	IV
cos	+	–	–	+
sin	+	+	–	–

U_{TP}	$\Delta\varphi = \varphi_E - \varphi_A$
$\frac{2\hat{U}_0'\hat{U}_E K_p K_N}{\pi}$	0°
+	$0° < \Delta\varphi < 90°$
0	90°
–	$90° < \varphi < 180°$
$-\frac{2\hat{U}_0'\hat{U}_E K_p K_n}{\pi}$	180°
+	$180° < \Delta\varphi < 270°$
0	270°
–	$270° < \varphi < 360°$
$+\frac{2\hat{U}_0'\hat{U}_E K_p K_N}{\pi}$	360°

a)

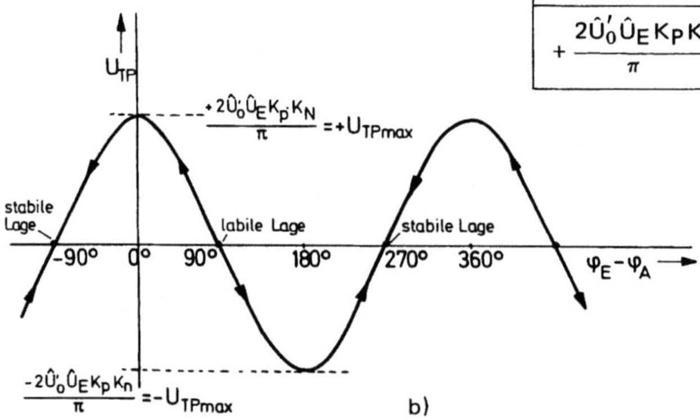

b)

Bild 2

differenz tabellarisch (Bild 2a) anschaulich machen. Die „+“ und „–“ Zeichen bedeuten, daß die Funktion mit der Zeit t zu- bzw. abnimmt. Bild 2b zeigt den Verlauf $U_{TP}(t) = f(\varphi_E - \varphi_A)$ beim Synchronisationsvorgang mit $\omega_E = \omega_0$.

Der Verlauf der Spannung beantwortet die Frage nach der Stabilität durch die eingezeichneten Pfeile. Die Pfeile zeigen an, in welche Richtung sich $U_{TP}(t)$ nach dem Zeitpunkt $t = 0$ für ansteigende Zeit ändert. Aus dieser Darstellung wird deutlich, daß für die Phasendifferenz $\varphi_E - \varphi_A = 90^\circ$ ein labiles Gleichgewicht herrscht, da die Pfeile vom Null-Durchgang wegzeigen. Im Gegensatz dazu liegt für $\varphi_E - \varphi_A = 270^\circ$ bzw. -90° ein stabiles Gleichgewicht vor, da die Pfeile zum Null-Durchgang hinzeigen. Dieser Verlauf ist 2π-periodisch in positiver und negativer Richtung.

Mit den bis hierher dargelegten theoretischen Grundlagen soll nun der eigentliche Synchronisationsvorgang näher untersucht werden. Es wurden ja bereits die Begriffe *Haltebereich* und *Fangbereich* mit den Gleichungen (14) und (10) angegeben; allerdings war hierbei von einem idealen Tiefpaß ausgegangen worden; für diesen Fall gilt: Fangbereich = Haltebereich. Wie Bild 2 zeigt, schwankt unsere Regelspannung zwischen einem positiven und negativen Scheitelwert $\pm U_{TP\,max}$ als Funktion der Phasendifferenz $\varphi_E - \varphi_A$ des Ein- und Ausgangssignals hin und her; diese Amplitudenwerte stellen die Grenze für die Nachregelung dar. Hier wird deutlich, daß das System durch die vorhandene Phasendifferenz dadurch frequenzmäßig nachgeregelt wird, daß *negative* U_{TP}-Spannungen grundsätzlich eine Verringerung der VCO-Frequenz und *positive* U_{TP}-Spannungen eine Erhöhung dieser Frequenz bewirken. Generell spricht man in diesem Fall von einem *phasensensitiven* PLL-System. Wir werden später bei der Behandlung der digitalen PLL-Systeme auch einen PD-Typ kennenlernen, der sowohl phasen- als auch frequenzsensitiv ist. Im letzteren Fall entsteht auch eine U_{TP}-Spannung, wenn das System sich außerhalb des Haltebereiches befindet.

Die Einschaltung eines realen Tiefpasses – hier soll ein Tiefpaß erster Ordnung gemäß Bild 3 verwendet werden – hat nun einen wesentlichen Einfluß auf den Synchronisierungsprozeß.

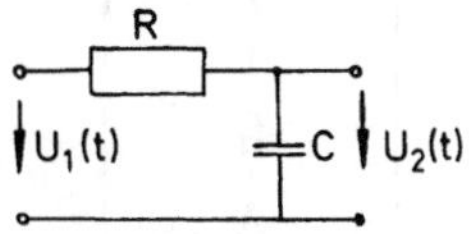

Bild 3
Tiefpaß 1. Ordnung (Typ 1)

Die Übertragungsfunktion $H(\omega)$ für einen passiven Tiefpaß (Typ 1) lautet:

$$H(\omega) = \frac{U_2(t)}{U_1(t)} = \frac{1}{1 + j\omega RC} = \frac{1}{1 + j\omega\tau} \qquad (19a)$$

$$\tau = RC$$

$$\omega_{gr} = \frac{1}{RC}$$

$$|H(\omega)| = \frac{1}{\sqrt{1 + \omega^2\tau^2}} \leqslant 1 \qquad (19b)$$

Bei dem vorher angenommenen idealen Tiefpaß mit der Übertragungsfunktion nach Gl. (6) würde der Fangbereich $\Delta\omega_F$ der Grenzfrequenz des Tiefpasses ω_{gr} entsprechen: $\Delta\omega_F = \omega_{gr}$. Die Übertragungscharakteristik $H(\omega)$ entnehmen wir aus Bild 3 mit Gl. (19a). Nach *G. S. Moschytz* [4] läßt sich für den Fangbereich $\Delta\omega_F$ eine Näherungsformel angeben:

$$\Delta\omega_F \approx \Delta\omega_H \, |H(\omega)|_{\omega = \Delta\omega_F}. \tag{20}$$

Hier ist

$$\omega = \omega_E - \omega_0 = \Delta\omega_F \, . \tag{21}$$

Setzen wir Gl. (19b) mit $\omega > \omega_{gr}$ in Gl. (20) ein, so erhalten wir für $\Delta\omega_F$

mit $|H(\omega)| = \dfrac{1}{\omega\tau} = \dfrac{1}{\Delta\omega_F \tau}$

und mit ω aus Gl. (21)

$$\Delta\omega_F \approx \sqrt{\frac{\Delta\omega_H}{\tau}} \, . \tag{22}$$

Man erkennt deutlich den Einfluß der Zeitkonstanten (Grenzfrequenz) des Tiefpasses. Durch Vergrößerung von τ (entspricht einer Herabsetzung von ω_{gr}) wird der Fangbereich bei gegebenem Haltebereich verringert. Aus Toleranzgründen darf dieser Bereich aber nicht unter einen für das System gegebenen Wert sinken, da sonst die Synchronisation nicht garantiert werden kann.

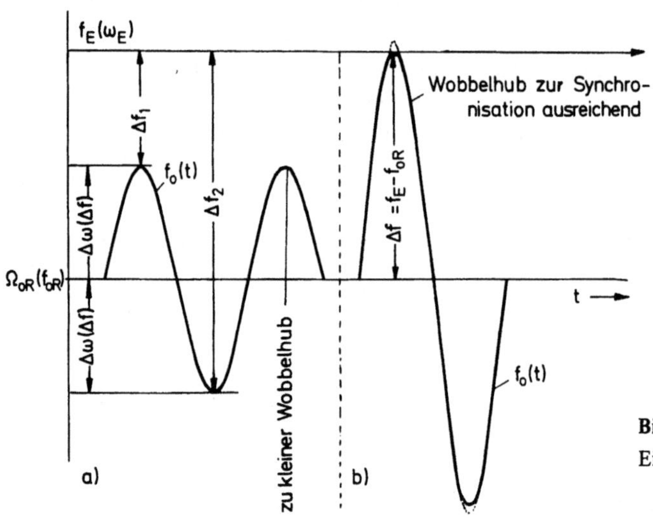

Bild 4
Einrasten im Fangbereich

Der Synchronisationsvorgang im Fangbereich läßt sich nun recht anschaulich durch die Bilder 4a und 4b darstellen. Wie aus Gl. (18) zu entnehmen ist, schwankt $U_{TP}(t)$ periodisch mit einer bestimmten Amplitude hin und her, die eine entsprechende Änderung der VCO-Frequenz (Wobbelung) bewirkt. In Bild 4a sei die entstehende Augenblicksfrequenz des VCO

$$\Omega_{0R} \pm \Delta\omega = \Omega_0(t) = f_{0R} \pm \Delta f = f_0(t)$$

zu gering, um den vorgegebenen Abstand $f_E - f_{0R}$ (f_{0R} = Ruhefrequenz, auch Freilauffrequenz genannt) zu überbrücken. Damit findet ein Einrasten zunächst nicht statt. Um dieses zu erreichen, ist die Wobbelfrequenz-Amplitude durch ein entsprechend großes U_{TP} zu erhöhen. Damit schneidet die gewobbelte Augenblicksfrequenz des VCO die f_E-Frequenz, wodurch es zum Einrasten kommt (Bild 4b).
Die gewobbelte VCO-Frequenzamplitude ist nach Gl. (18) eine Funktion der Schleifenverstärkung (Produkt aus $K_p K_N K_v$), die jetzt noch mit dem realen Übertragungsfaktor des Tiefpasses, der nicht mehr gleich 1 ist, multipliziert werden muß.

Wie kann es nun zu dieser Vergrößerung von U_{TP} kommen? Die Übertragungskurve unseres Tiefpasses ist aus Bild 5a zu ersehen; hier ist die entstehende U_{TP}-Spannung als Funktion der Frequenz aufgetragen. Gehen wir nochmals von Bild 4a aus, so läßt sich erkennen, daß die entstehenden Wobbelfrequenzen des VCO als Differenzfre-

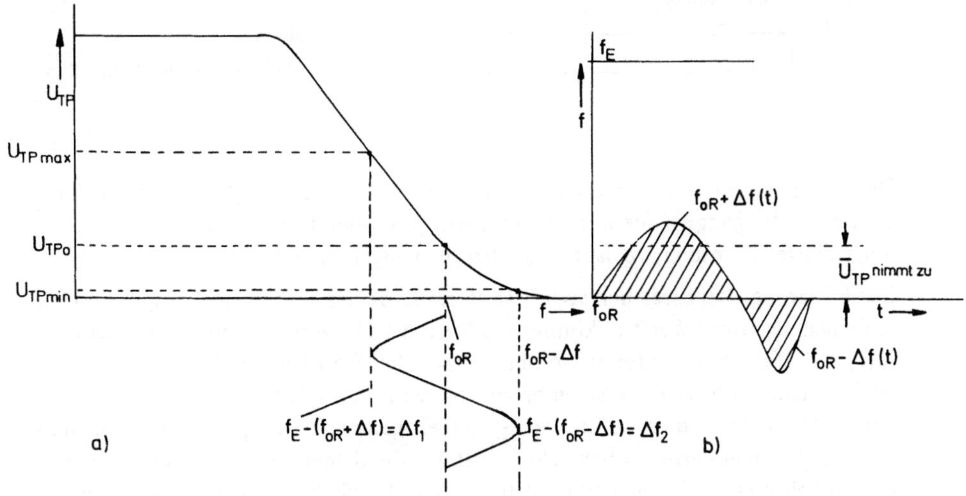

Bild 5

a) Entstehung der unsymmetrischen U_{TP}-Spannung durch die gewobbelte VCO-Frequenz
b) Unsymmetrische Schwankung der VCO-Frequenz infolge der U_{TP}-Spannung aus Bild 4a

quenzen Δf_1 und Δf_2 keine Konstanten sind. Dieses bedeutet, daß bei der Differenzfrequenz Δf_1 die Augenblicksfrequenz des VCO wesentlich näher an die Eingangsfrequenz f_E herankommt als im Fall der Differenzfrequenz Δf_2. Überträgt man diese Vorgänge auf die Tiefpaß-Übertragungscharakteristik (Bild 5a), so ist die Entstehung einer unsymmetrischen U_{TP}-Spannung dadurch zu erkennen, daß für die Differenzfrequenz Δf_1 ein höherer U_{TP}-Wert entsteht als für Δf_2.

Bild 5b zeigt, daß der Mittelwert der $\bar{U}_{TP}$-Spannung sich nach höheren positiven Werten verschiebt, wodurch die VCO-Frequenz eine Erhöhung in Richtung f_E erfährt. Dieser Prozeß führt dann in der Folge zu einer weiteren Vergrößerung des Wobbelhubes, so daß der in Bild 4a gezeigte Vorgang doch schließlich noch zur Synchronisation gemäß Bild 4b führt. Man spricht in diesem Fall auch treffend von einem sog. *Ziehvorgang.* Bild 6 zeigt diesen Prozeß im Schema auf. Der Ziehbereich selbst wird mit $\Delta\omega_P$ (engl. *Pull-in-range*) bezeichnet.

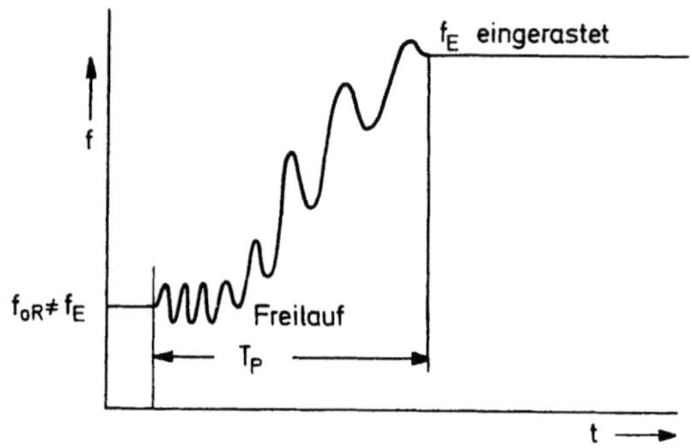

Bild 6
Der Ziehvorgang für $f_{0R} \neq f_E$

Die Bilder 7a und 7b zeigen die Darstellung des Halte- und Fangbereiches bei Verändern der Eingangsfrequenz f_E von kleinen zu großen Frequenzwerten und in umgekehrter Richtung; f_E ist hier sinusförmig angenommen.

Zur Erklärung: Bei Erreichen von f_1 (unteres Ende des Ziehbereiches) springt $\bar{U}_{TP}$ auf einen negativen Wert; es kommt zur Verringerung von $f_0(t)$ und damit wird $f_0(t) = f_E$. Steigt f_E weiter an, so nimmt $\bar{U}_{TP}$ den Wert Null an für $f_E = f_{0R}$ (Freilauffrequenz). Mit weiterer Steigung von f_E wird $\bar{U}_{TP}$ positiv, was zur Erhöhung von $f_0(t)$ führt und diese somit von f_E mitgezogen wird. Bei $f_E = f_2$ wird die Grenze des Haltebereiches erreicht bzw. überschritten; die Schleife fällt jetzt außer Tritt. Bei Umkehrung des Frequenzdurchlaufes (Bild 7b) wiederholt sich der Ein- und Ausrastvorgang im umgekehrten Sinn. Mit $f_3 - f_1 = 2\,\Delta f_F$ werden der Zieh-/Fangbereich und mit $f_2 - f_4 = 2\,\Delta f_H$ der Haltebereich (auch Mitnahmebereich genannt) gekennzeichnet.

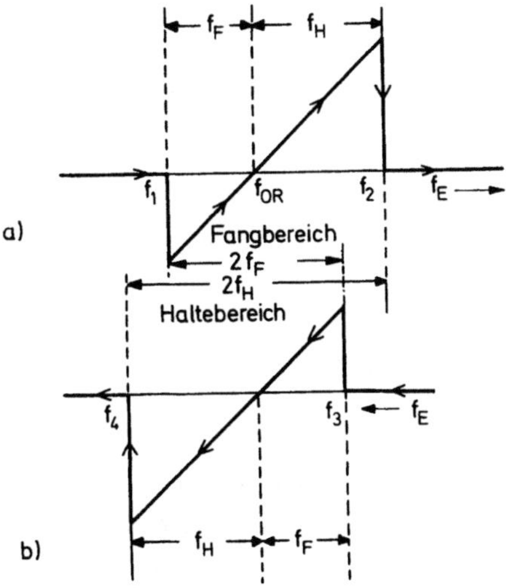

Bild 7

Darstellung des Halte- und Fangbereiches

Wie diese Darstellung zeigt, ist die Phasenregelschleife selektiv; ihre Selektionsgrenzen liegen symmetrisch zur Ruhefrequenz f_{0R} und zwar zwischen $f_{0R} \pm \Delta f_F$ für den Fall, daß der PLL *nicht eingerastet* gestartet wird, oder zwischen $f_{0R} \pm \Delta f_H$, wenn beim Einschalten die Frequenzdifferenz $\Delta f = f_E - f_{0R}$ im Haltebereich liegt. Mathematische Formeln für die Berechnung des Fang- und Ziehbereiches sind im Anhang angegeben.

In diesem Zusammenhang sei noch auf den Einfluß eines sog. Frequenzsprunges der an den Eingang angelegten Eingangsspannung eingegangen. Der sog. *Pull out range* ist der maximale Frequenzsprung, der am Eingang des PLL-Systems wirksam werden kann, ohne daß das System ausrastet. Da hierfür eine exakte mathematische Berechnung noch nicht bekannt geworden ist, sei soviel vermerkt, daß er in fast allen Fällen zwischen dem Halte- und Fangbereich liegt.

Bild 8 zeigt im Schema die besprochenen Stabilitätsbereiche. Außerhalb dieser Bereiche ist die Schleife nicht eingerastet, d.h. es treten periodische Schwingungen im Regelkreis auf.

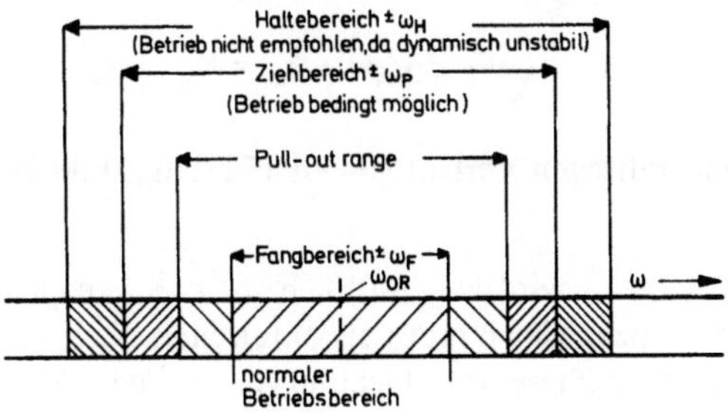

Bild 8

Stabilitätsgrenzen des linearen PLL

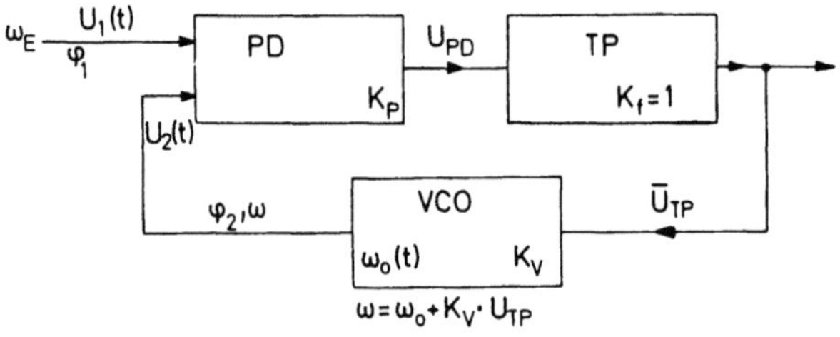

Bild 9 Einfacher Phasenregelkreis

Damit das der Phasenschleife zugrundeliegende Prinzip verständlicher wird, soll der Synchronisationsvorgang nochmal an einem einfachen Modell erläutert werden. Bild 9 zeigt den einfachen Phasenregelkreis ohne Teiler im Rückwärtszweig. Der Tiefpaß wird wieder ideal angenommen. Zum Unterschied zu der früheren Darstellung sei $\omega_E = \omega_{VCO} = \omega$, wobei lediglich

$$\omega_{VCO} = \omega_0 + K_v \bar{U}_{TP} \tag{20}$$

die durch $K_v \bar{U}_{TP}$ veränderbare Frequenz ω_0 darstellt.

Somit ergibt sich mit den gemachten Voraussetzungen folgender Rechnungsgang

$U_2(t) = \hat{U}_2 \cos(\omega t + \varphi_2)$ Ausgangsspannung des VCO am PD

$U_1(t) = \hat{U}_1 \sin(\omega t + \varphi_1)$ Eingangsspannung am PD.

Die multiplizierende Wirkung des PD-Systems liefert als Ergebnis

$$U_{PD}(t) = \frac{\hat{U}_1 \hat{U}_2}{2} [\sin(2\omega t + \varphi_1 + \varphi_2) + \sin(\varphi_1 - \varphi_2)].$$

Nach Unterdrückung der Summenfrequenz (2ω) durch den Tiefpaß (TP) ergibt sich für $\bar{U}_{TP}$ der Wert

$$\bar{U}_{TP} = \frac{\hat{U}_1 \hat{U}_2}{2} \sin(\varphi_1 - \varphi_2) = K_p \sin(\varphi_1 - \varphi_2) = K_p \sin \Delta\varphi. \tag{21}$$

Den grafischen Verlauf von Gl. (21) zeigt Bild 10. Diskussion:

Fall 1

Für $\varphi_1 = \varphi_2$ wird $\bar{U}_{TP} = 0$; d.h. $\omega = \omega_0$ entsprechend Gl. (20). Damit sind beide Frequenzen gleich groß; sie unterscheiden sich lediglich in diesem Fall durch die konstante Phasenverschiebung von 90° des VCO-Signales zum Eingangsignal.

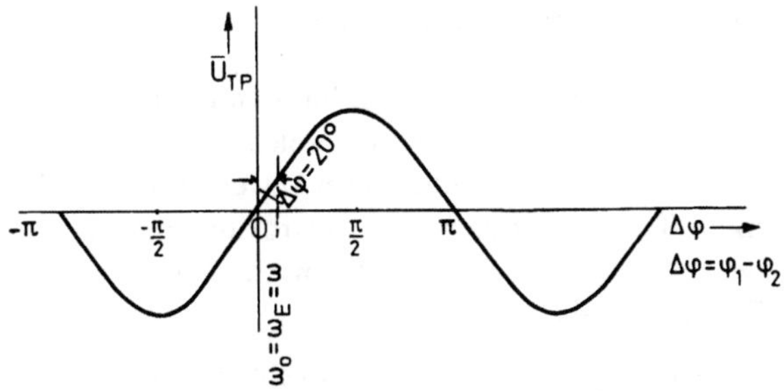

Bild 10 Regelkennlinie des PLL-Kreises

Fall 2

$\varphi_1 \neq \varphi_2$ angenommen, $\Delta\varphi < \pi/2 < (20°)$. $\bar{U}_{TP}$ nimmt zu (Bild 10), wodurch sich nach Gl. (20) eine Frequenzerhöhung von $\Delta\omega = \omega - \omega_0 = K_v \bar{U}_{TP}$ einstellt. Diese ruft aber nach einer Zeit t eine Phasenerhöhung $\Delta\varphi'$ hervor, und zwar

$$\Delta\varphi' = \int_0^t (\omega - \omega_0)\,dt = K_v K_p \int_0^t \sin\Delta\varphi\,dt \sim K_v K_p \int_0^t \Delta\varphi\,dt \qquad (22)$$

mit $\sin\Delta\varphi \sim \Delta\varphi (\varphi < 20°)$.

Aus Gl. (21) wird der Regelmechanismus deutlich, wie die folgende Rechnung zeigt: Die Phasendifferenz $\Delta\varphi$ erhöht gemäß Gl. (21) die VCO-Phase φ_2 um $\Delta\varphi_2'$ auf $\varphi_2 + \Delta\varphi_2'$, wodurch der Phasenunterschied zum Eingangssignal auf $\Delta\varphi - \Delta\varphi_2'$ reduziert wird, entsprechend:

$$\varphi_1 - (\varphi_2 + \Delta\varphi_2') = \varphi_1 - \varphi_2 - \Delta\varphi_2' = \Delta\varphi - \Delta\varphi_2'. \qquad (23)$$

Durch die Verringerung von $\Delta\varphi$ um $\Delta\varphi_2'$ nimmt nach Bild 10 $\bar{U}_{TP}$ wieder ab, was eine Herabsetzung von ω_{VCO} nach Gl. (20) zur Folge hat. Dieser Prozeß führt bei $\bar{U}_{TP} = 0$ wieder zur Synchronisation. Allgemein ergibt sich also, daß für $\Delta\varphi < 30°$ die Regelspannung $\bar{U}_{TP}$ eine Änderung der Phase proportional dem Integral über $\Delta\varphi(t)$ hervorruft und dadurch bewirkt, daß $\Delta\varphi = 0$ wird. Im Bereich von 90° wächst $\bar{U}_{TP}$, wie aus Bild 10 hervorgeht, wesentlich langsamer, so daß die Korrektur der Frequenz längere Zeit benötigt.

1.3 Aufbau und Einrastverhalten digitaler PLL-Systeme

Nach Darlegung der grundsätzlichen Zusammenhänge in einer linearen Phasenschleife, die gemäß einer Klassifizierung auch als *PD-Schaltung Typ 1* bezeichnet wird [7], wollen wir uns nun den digitalen PLL-Systemen zuwenden. Der Anwendungsbereich der PLL-Schaltungen, die mit dem PD-Typ 1 konzipiert sind, verarbeitet vorzugsweise sinusförmige Eingangssignale. Unter den Abschnitten 2.2 bis 2.2.5 werden Anwendungsbeispiele für diesen Typ vorgestellt.

Im Gegensatz dazu werden digitale Systeme ausschließlich mit Rechtecksignalen betrieben. Sie sind speziell prädestiniert für den Bau sog. Frequenz-Synthesizer, die unter Abschnitt 2.1 und 2.1.1 eingehend behandelt werden. Die Ausgangsfrequenzen sind in der Regel rechteckförmig, können aber auch bei VCO-Systemen mit Schwingkreisen sinusförmig sein. Der Hauptunterschied zwischen den linearen und digitalen PD-Typen liegt in dem völlig verschiedenen Einrastverhalten des PLL-Systems. Während der besprochene PD-Typ 1 *nur* aus *der Phasenverschiebung* zwischen Ein- und Ausgangssignal das Nachsteuersignal ableitet, also nur *phasensensitives* Verhalten aufweist, gibt es bei den digitalen PD-Typen zwei Arten, die sowohl phasen- als auch frequenzsensitiv sind [7].

Im ganzen unterscheidet man bei den digitalen PD-Schaltungen 3 Typen, und zwar die Typen 2, 3 und 4. Während im Typ 2 als PD ein sog. Exclusiv-Oder-Gatter verwendet wird, bei dem die Ausregelung ebenfalls nur über die Phasendifferenz vollzogen wird, besitzen die Typen 3 und 4 als PD-Systeme sog. flankengetriggerte JK-Master-Slave-Flip-Flops. Diese sprechen sowohl auf Frequenz- als auch auf Phasenunterschiede an. Bevor auf den speziellen Typ 4 eingegangen wird, soll am Beispiel des PD-Typs 2 das Entstehen der gemittelten Ausgangsspannung $\overline{U}_D$ für vier charakteristische Fälle gezeigt werden.

Bild 11 zeigt den Aufbau des Exclusiv-Oder-Gatters, dessen Wahrheitstabelle in Bild 12 angegeben ist. Bekanntlich liegt der Q-Ausgang immer dann hoch, wenn an den Eingängen unterschiedliche Potentiale der Eingangsspannung (Signalspannung) und der VCO-Spannung anliegen. In den Bildern 13a bis 13d erkennt man die Funktionsweise dieser als PD eingesetzten Schaltung. Während das System

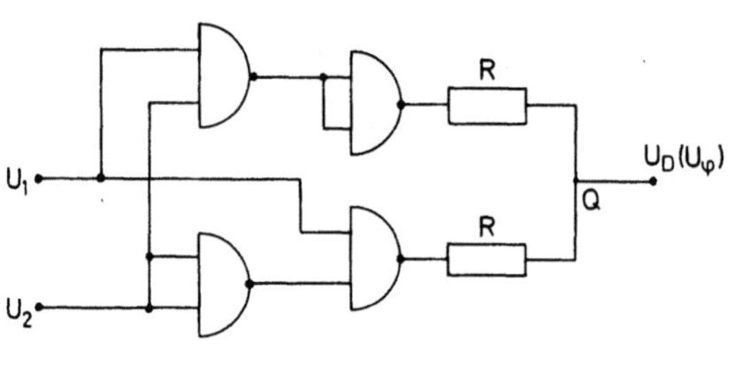

Bild 11
Exclusiv-ODER-Schaltung aus NAND-Gattern

U_1	U_2	Q
0	0	0
0	1	1
1	0	1
1	1	0

Bild 12 Wahrheitstabelle für Bild 10

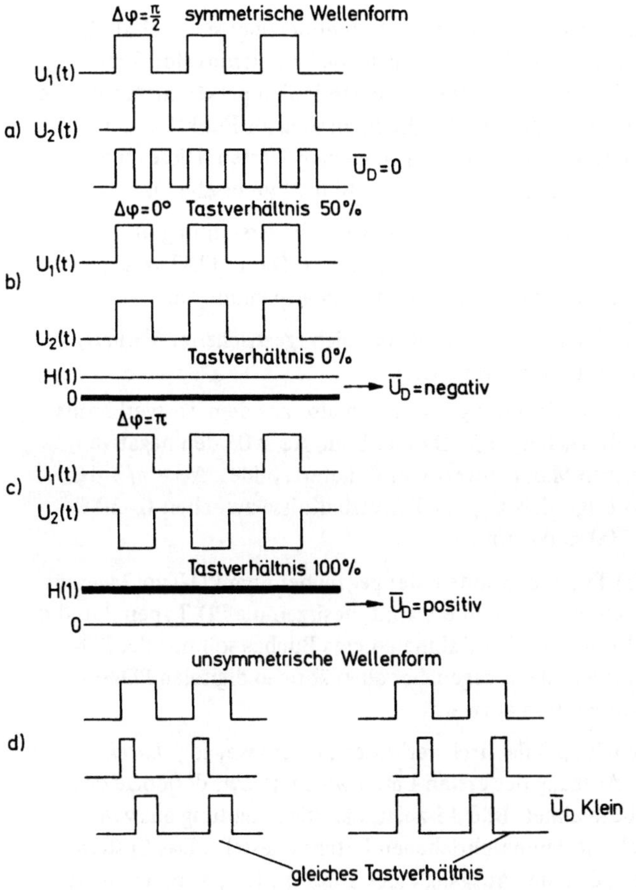

Bild 13 Entstehung der Phasenvergleicher-Spannung eines PD-Typs 2 (Exclusiv-ODER-Gatter)

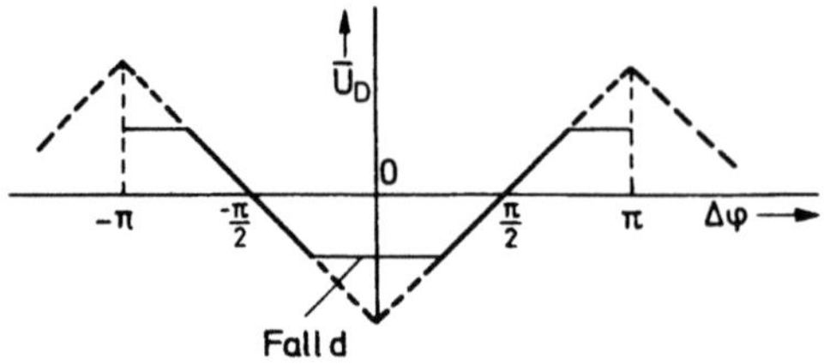

Bild 14
$U_D = f(\Delta\varphi)$ des PD-Systems 2

symmetrische Rechteckspannungen einwandfrei verarbeitet, zeigt sich in Fall d, daß das Ausgangssignal Q für zwei stark unterschiedliche Phasenwinkeldifferenzen und unterschiedliches Impulsbreitenverhältnis in beiden Fällen praktisch das gleiche Tastverhältnis aufweist. Die daraus gemittelte $\bar{U}_D$-Spannung als Funktion der Phasenwinkeldifferenz aufgetragen, führt zu relativ kleinen Werten. Dieses führt zu einer eingeengten Übertragungskennlinie, wie aus Bild 14 zu ersehen ist.

Die Folge davon ist, daß das System eine geringere Schleifenverstärkung und damit einen verminderten Haltebereich (Ziehbereich) besitzt. Dieser PD-Typ eignet sich daher vornehmlich für annähernd symmetrische Signalspannungen.

Weiter zeigt Bild 14, daß der lineare Phasenwinkelbereich (gestrichelter Verlauf) bei diesem PD-Typ zwischen 0 und $\pm\pi$ verläuft.

Die Größe der entstehenden $\bar{U}_D$-Spannung ergibt sich also aus dem Tastverhältnis. Für Fall a ($\Delta\varphi = \pi/2$) liegt dieses bei 50 %. Da Fall b für $\Delta\varphi = 0°$ den negativen, Fall c für $\Delta\varphi = \pi$ den positiven Maximalwert von Q liefert, bildet $\Delta\varphi = \pi/2$ den Mittelwert $\bar{U}_D = 0$. Daraus folgt, daß $\bar{U}_D$ für Tastverhältnisse zwischen 0–50 % *negativ* und zwischen 50–100 % *positiv* ist.

Wir wollen uns nun dem PD-Typ 4 zuwenden, der gegenüber dem PD-Typ 2 wesentliche Vorteile besitzt. Wie schon einleitend erwähnt, besitzen die PD-Typen 3 und 4 sog. flankengesteuerte JK-Flip-Flops. Im Rahmen dieses Buches soll nur der PD-Typ 4 näher beschrieben werden, da er gegenüber allen übrigen digitalen PD-Systemen die günstigsten Eigenschaften aufweist.

Der Typ 4 ist gegenüber dem Typ 3 dadurch verbessert, da er zwei sog. *Latch* (Nand-Gatter) besitzt. Der Ausgang des ersten Latch wird mit *Up*, derjenige des zweiten Latch mit *Down* bezeichnet. Bild 15 zeigt, daß die Schaltung aus zwei internen RS-Flip-Flops und mit den beschriebenen Latches besteht. Das System arbeitet mit negativer Logik, d.h. der Ausgang eines Latch ist tief, wenn er auf H gesetzt ist. Das Setzen der Latches erfolgt durch die negativen Flanken der Signale. Die Wirkungsweise dieses PD-Types soll nun an Hand der Bilder 16a bis 16e erklärt werden. Dabei sollen einige charakteristische Fälle betrachtet werden.

Fall a zeigt mit $\omega_1(\omega_E) = \omega_2(\omega_0)$ zwei Rechteckschwingungen, die genau übereinanderliegen. Die Tatsache, daß jeweils die negative Flanke die Ausgänge setzen, be-

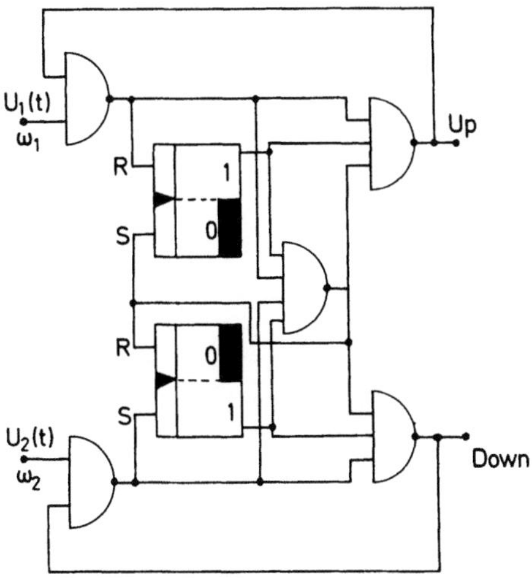

Bild 15 PD-Typ 4

deutet hier für beide Ausgänge den Wert H. Da keine Phasendifferenz zwischen den Signalen besteht, wird keine $\bar{U}_{PD}$-Spannung (gemittelter Wert) gebildet.

Im Fall b und c sind wohl die Frequenzen $\omega_1 = \omega_2$, aber ihre Phasenverschiebung ist $\Delta\varphi \neq 0$. Im Fall b mit ω_2 gegenüber ω_1 nacheilend, wird nur der Ausgang *Up* gepulst. Hierbei entspricht die Phasenwinkeldifferenz $\Delta\varphi$ der Zeitdifferenz Δt zwischen den jeweiligen negativen Flanken von $U_1(t)$ und $U_2(t)$. Da der Differentiation der Phasenwinkeländerung eine Geschwindigkeitsänderung (Frequenzänderung) entspricht, wird der VCO so lange *beschleunigt*, bis der Phasenwinkelfehler verschwunden ist.

Im Fall c bei $\omega_1 = \omega_2$, aber ω_2 gegenüber ω_1 voreilend, tritt der umgekehrte Effekt ein, d.h. der Ausgang *Down* wird gepulst. Hierdurch wird der VCO in seiner Frequenz *gebremst*, bis es zur Phasenverschiebung Null zwischen den beiden Signalen kommt.

Im Fall d ist $\omega_1 \neq \omega_2 (\omega_1 > \omega_2)$; der gepulste Ausgang – in diesem Fall wird *Up* gepulst – zeigt, daß das Tastverhältnis der Rechteckschwingungen nicht mehr konstant ist wie in den Fällen der Frequenzgleichheit.

Den gleichen Effekt sehen wir auch für den Fall e $(\omega_2 > \omega_1)$; hier ist der Ausgang *Down* gepulst. Die entstehende $\bar{U}_{PD}$-Spannung hängt hierbei nicht vom *Tastverhältnis* der beiden Spannungen $U_1(t)$ und $U_2(t)$ ab, sondern nur von der gegenseitigen Lage der negativen Rechteckflanken. Auch bei sehr kleinen Frequenzdifferenzen erfolgt daher ein sicheres Einrasten der Schleife.

Daß sich der PD-Typ 4 auch frequenzsensitiv verhält, wird noch beschrieben.

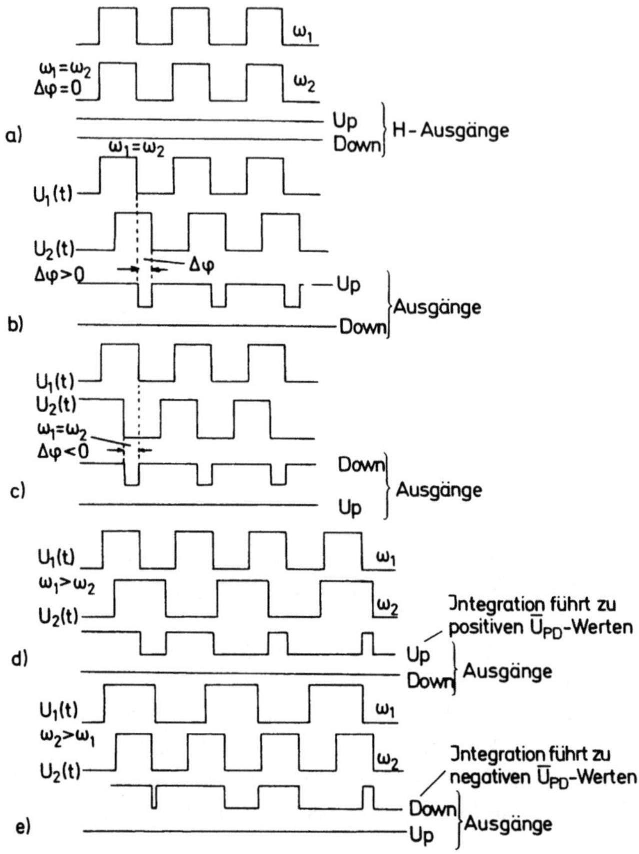

Bild 16 Ausgangsspannungen des PD-4 bei Frequenz- und Phasenveränderungen von U_1 und U_2

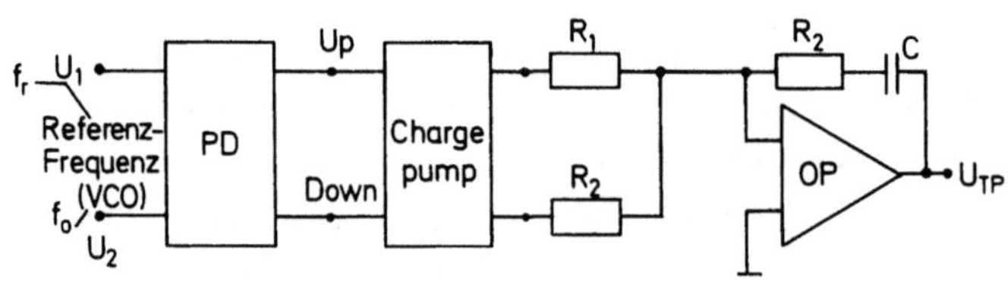

Bild 17 Prinzip-Aufbau eines PD-4-Systems

Die so gepulsten rechteckförmigen Ausgangsspannungen der Ausgänge *Up* und *Down* wären in dieser Form noch nicht unmittelbar als Regelspannung zu verwenden. Erst eine nachgeschaltete Digital-Analogwandlerstufe, auch als *Charge Pump* bezeichnet, in Verbindung mit einem aktiven Filter als Integrator (Bild 17) (auf die Bedeutung dieses Filters wird später noch näher eingegangen) liefert eine aus den Tastverhältnissen entsprechend gewichtete Mittelwertsbildung der gepulsten Ausgangsspannungen die Regelspannung $\bar{U}_D$. Trägt man die so gemittelte $\bar{U}_D$-Spannung als Funktion der Phasenwinkeldifferenz $\Delta\varphi$ auf, so ergibt sich gegenüber dem Typ 2 eine Erweiterung des Phasenwinkelbereiches auf $\pm 2\pi$ gleich 4π (Bild 18).

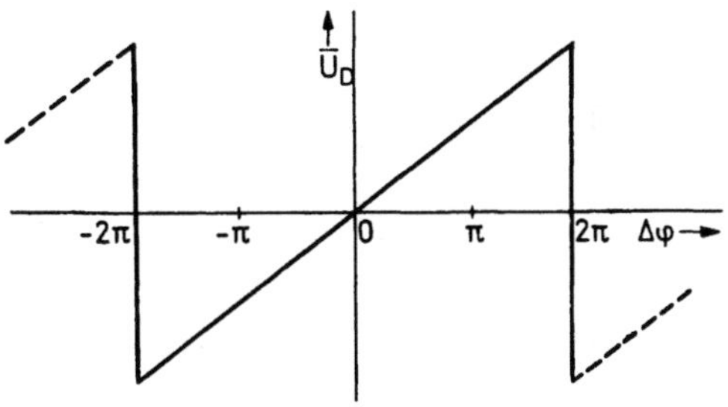

Bild 18
$\bar{U}_D = f(\Delta\varphi)$ (phasenselektives Verhalten)

Diese Ausdehnung des Winkelbereiches bewirkt eine bedeutende Verbesserung der Synchronisationsverhältnisse. Wie sieht nun das Einrastverhalten dieses PD-Types gegenüber den PD-Typen 1 und 2 aus?

Im Fall $\omega_1 \gg \omega_2$, d.h. es liegt der sog. *ausgerastete* Fall vor, kann beim linearen PD nur dann eine Regelspannung entstehen, wenn die Frequenzdifferenz $\Delta\omega$ noch in den Bereich der Übertragungskurve des Tiefpasses fällt. Diese Einschränkung fällt hier weg. Begründung: Im ausgerasteten Fall ist die Regelspannung nicht Null, sondern bei $\omega_1 > \omega_2$ geben der *Up-Ausgang* eine *positive*, und im Fall $\omega_2 > \omega_1$ der *Down-Ausgang* eine *negative* Spannung ab. Hierdurch erfolgt automatisch eine Verstimmung des VCO solange in der korrekten Richtung, bis der PLL einrastet. Diese Eigenschaft führt bei diesem PD-Typ im besonderen Maße zu einem *frequenzsensitiven* Verhalten.

Diese Tatsache kann man auch so deuten, daß sowohl der Haltebereich als auch der Ziehbereich unendlich groß sind, zumindestens theoretisch. Ein Fangbereich im Sinne des PD-Typs 1 läßt sich hier nicht definieren; der VCO wird stets von einer Seite her eingerastet. Es findet also immer ein Ziehvorgang statt, wobei der Einrastbereich letztlich durch den Frequenzbereich des VCO bestimmt wird. Bild 19 zeigt den prinzipiellen Verlauf der gemittelten Regelspannung $\bar{U}_D$ in Abhängigkeit der Frequenzdifferenz $\Delta\omega$.

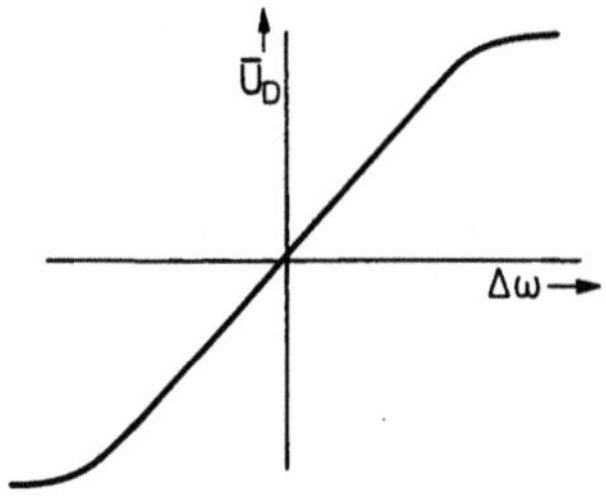

Bild 19
$\bar{U}_D = f(\Delta\omega)$ (frequenzsensitives Verhalten)

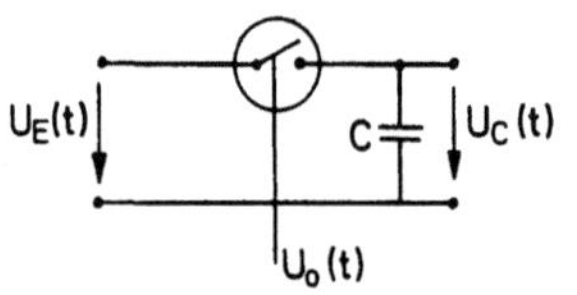

Bild 20 Grundschema eines Abtast-Diskriminators

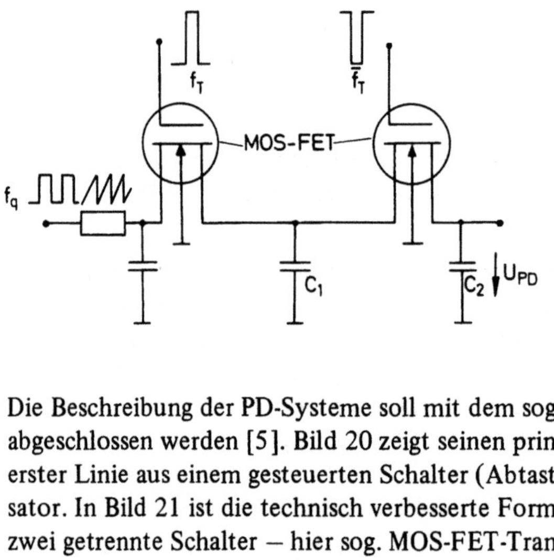

Bild 21
Abtast-Diskriminator (verbesserte Ausführung) mit 2 Schaltern

Die Beschreibung der PD-Systeme soll mit dem sog. Abtast-Phasendiskriminator abgeschlossen werden [5]. Bild 20 zeigt seinen prinzipiellen Aufbau. Er besteht in erster Linie aus einem gesteuerten Schalter (Abtaster) und einem Speicherkondensator. In Bild 21 ist die technisch verbesserte Form gezeigt, die darin besteht, daß zwei getrennte Schalter – hier sog. MOS-FET-Transistoren – durch impulsförmige Spannungen des in der Regel verwendeten programmierbaren Teilers für die VCO Frequenz ($f_T = f_{VCO}/N$) im Gegentakt geschaltet werden. Die Referenzfrequenz f_q, die sinus- oder rechteckförmig sein kann, wird in eine dreieck- oder sägezahnförmige Ausgangspannung umgewandelt. Die Wirkungsweise ist folgende: Ist T_1 leitend, steht an C_1 die sägezahnförmige Spannung; T_2 ist gesperrt. Wird T_1 gesperrt und T_2 gleichzeitig leitend gemacht, erfolgt im gleichen Moment die Aufladung von C_2 durch C_1. Die Lage der Abtastimpulse bestimmt, wie weit C_1 bzw.

C_2 aufgeladen werden. Sind f_q und f_T gleich, so entsteht eine Gleichspannung, deren Höhe nur von der konstanten Phasendifferenz abhängt. In Bild 22a, 22b sind zwei verschiedene $\Delta\varphi$-Werte angenommen. In Bild 22a, wo $\Delta\varphi$ klein ist, ergibt sich auch nur eine kleine Diskriminatorspannung; Bild 22b zeigt die Zunahme von U_{PD} bei dem größeren $\Delta\varphi$-Wert. Wie man sieht, erhält man durch den linearen Sägezahn entsprechende proportionale Gleichspannungswerte.

Bild 23 gibt den Verlauf von U_{PD} für $f_q \neq f_T$ wieder; hierbei ist $\Delta f = \text{const.}$ Man erkennt, daß sich hier eine Wechselspannung ergibt, die über einen Tiefpaß gefiltert werden muß. Sobald aber die Schleife eingerastet ist, geht U_{PD} in eine Gleichspannung über. Dieser Vorgang führt zu einer stabilen Synchronisation, wogegen bei dem PD-Typ 1 U_{TP} eine periodische Funktion ist, was sowohl zu labilen als auch stabilen Gleichgewichtszuständen führen kann.

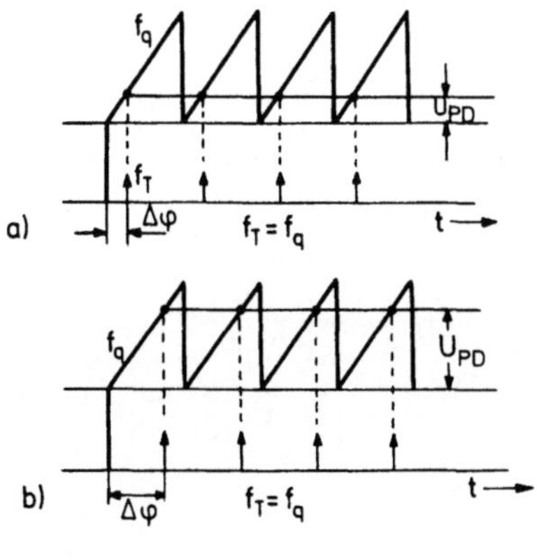

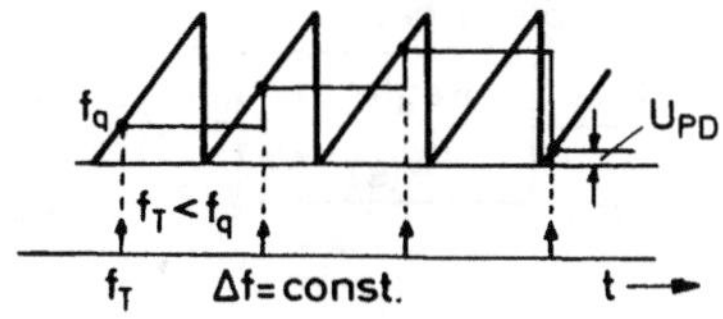

Bild 23
Abtastvorgang bei $f_r \neq f_q$ (Δf = const.)

Bild 22 Abtastvorgang a) bei kleinem $\Delta\varphi$-Wert b) bei großem $\Delta\varphi$-Wert

1.4 Das regeltechnische Verhalten einer linearen und einer digitalen PLL-Phasenschleife

Nach Besprechung der PD-Systeme soll in diesem Abschnitt kurz auf das regeltechnische Verhalten einer linearen Phasenregelschleife mit einem passiven Tiefpaß erster Ordnung vom Typ 1 und einem digitalen Phasenkreis mit aktivem Tiefpaßfilter erster Ordnung vom Typ 3 eingegangen werden (s. Anhang).

Es soll hierbei speziell die Bedeutung des Tiefpasses sowie der übrigen Übertragungsparameter für die Stabilität der Schleife gezeigt werden. Besonders von der

Art des Tiefpasses, d.h., ob er als passiver oder aktiver ausgeführt wird, wie seine Pol- und Nullstellenverteilung ist, hängt das Einrasten der Schleife in entscheidendem Maße ab. Falsche oder ungünstige Dimensionierungen können zu Regelschwingungen, schlechter Nebenwellenunterdrückung und zu erhöhtem Rauschen führen. Für die nachfolgende Berechnung soll wieder das Bild 1 dienen, das wir in das Grundschema der Regelungstechnik umsetzen wollen. Bild 24 zeigt diesen Vorgang mit den entsprechenden Bezeichnungen. Es soll auf möglichst einfache Art versucht werden, das Verhalten (Übertragungsfunktion) des geschlossenen Regelkreises zu berechnen.

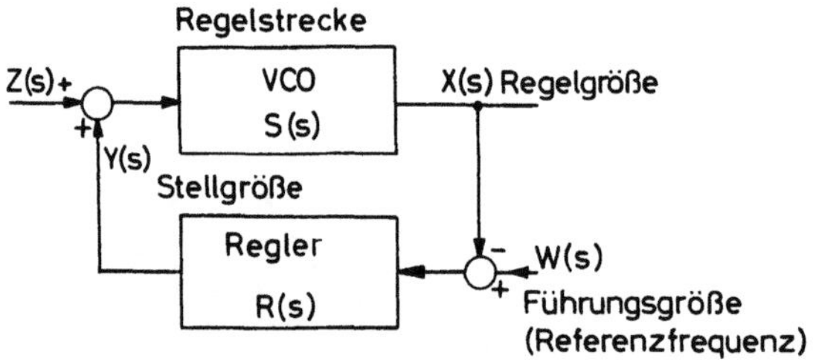

Bild 24 Grundschema eines Regelkreises

Hierzu ist noch die komplexe Variable

$$s = \underbrace{\sigma}_{\text{Realteil}} + \underbrace{j\omega}_{\text{komplexer Teil}}$$

einzuführen:

Aus Bild 24 folgt unmittelbar

$$Y(s) = R(s)\,[W(s) - X(s)]\,, \quad R(s) \text{ Regelsteilheit des Reglers} \tag{24}$$

$$X(s) = S(s)\,[Z(s) + Y(s)]\,, \quad S(s) \text{ Verstärkung der Regelstrecke} \tag{25}$$

Setzt man Y(s) aus Gl. (24) in Gl. (25) ein und löst diese Gleichung nach X(s) auf, so erhält man die allgemeine Grundgleichung des Regelkreises

$$X(s) = \underbrace{\frac{R(s)\,S(s)}{1 + R(s)\,S(s)}\,W(s)}_{\text{Führungsverhalten}} + \underbrace{\frac{S(s)}{1 + R(s)\,S(s)}\,Z(s)}_{\text{Störverhalten}}. \tag{26}$$

Hierin kann man zwei Therme unterscheiden, und zwar beschreibt der erste das Führungsverhalten des Kreises; der zweite das Störverhalten. Im folgenden soll die Übertragungsfunktion des offenen Regelkreises mit $F_0(s)$ bezeichnet werden.

Wir setzen an: $F_0(s) = R(s)\,S(s)$. Für das Führungsverhalten ergibt sich dann

$$X(s) = \frac{F_0(s)}{1 + F_0(s)}\,W(s) \tag{27}$$

$$X(s)\,(1 + F_0(s)) = F_0(s)\,W(s)$$

$$X(s) + X(s)\,F_0(s) = F_0(s)\,W(s).$$

$$\frac{X(s)}{F_0(s)} + X(s) = W(s). \tag{28}$$

Bildet man aus Gl. (28) die Differenz $W(s) - X(s)$ = Regelabweichung, so erhält man mit Gl. (27)

$$W(s) - X(s) = \frac{X(s)}{F_0(s)} = \frac{F_0(s)}{1 + F_0(s)}\;\frac{W(s)}{F_0(s)} = \frac{1}{1 + F_0(s)}\,W(s). \tag{29}$$

Aus Gl. (29) wird als eine wichtige Bedingung für eine geringe Regelabweichung entnommen: $F_0(s)$ groß zu machen. Hier ist es gleichbedeutend, ob die Verstärkung in der Regelstrecke oder im Regler installiert wird. Einen Unterschied werden wir erst bei der Betrachtung des Störverhaltens erkennen. Aus Gl. (26) entnimmt man das Störglied

$$X(s)_{Stör} = \frac{S(s)}{1 + R(s)\,S(s)}\,Z(s). \tag{30}$$

Es zeigt sich, daß die größte Verstärkung im Regler stattfinden muß, damit eine Störung nur einen geringen Einfluß ausübt.

Diese Erkenntnisse sollen nun auf das Blockschaltbild einer Phasenschleife ohne Teiler im Rückwärtszweig angewandt werden (Bild 25).

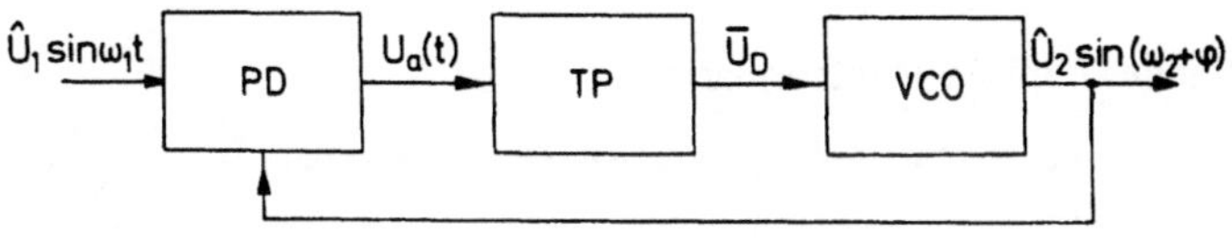

Bild 25 Blockschaltbild einer Phasenregelschleife ohne Teiler im Rückwärtszweig

Gegenüber der früheren Darstellung (Bild 1) sind die Spannungssymbole etwas abgeändert und als Sinus-Funktionen angesetzt.

Unter Benutzung der Formel (5) ergibt sich für die PD-Spannung

$$U_a(t) = \frac{\hat{U}_1 \hat{U}_2}{2} [\cos(\omega_2 t + \varphi - \omega_1 t) - \cos(\omega_2 t + \varphi + \omega_1 t)]. \tag{31}$$

Für den Fall $\omega_1 = \omega_2$ wird

$$U_a(t) = \frac{\hat{U}_1 \hat{U}_2}{2} [\cos\varphi - \cos(2\omega_1 t + \varphi)]. \tag{32}$$

Der niederfrequente Anteil ist hierbei Null und nur eine vom Phasenwinkel φ abhängige Gleichspannung $U_a(t)$, die mit der doppelten Frequenz überlagert ist und die Regelspannung bildet. Diese muß durch einen Tiefpaß ausgefiltert werden, da sonst auch ein Einrasten auf Harmonische möglich wäre. Damit wird

$$U_a(t) = \bar{U}_D = \frac{\hat{U}_1 \hat{U}_2}{2} \cos\varphi. \tag{33}$$

Setzen wir weiter eine lineare Steuerkennlinie des VCO voraus, d.h. seine Frequenz soll sich linear mit der Regelspannung ändern, so lautet seine Regelkonstante

$$K_v = \frac{\Delta f}{\Delta \bar{U}_D} \tag{34}$$

oder in differentieller Schreibweise

$$K_v = \frac{d\omega}{d\bar{U}_D}. \tag{35}$$

Da es sich aber um einen Phasenregelkreis handelt, muß die Frequenz als Ableitung der Phase wieder eingeführt werden. Wir erhalten mit

$$\omega = \frac{d\varphi}{dt} \tag{36}$$

und unter Verwendung der Laplace-Transformation

$$\omega = s\varphi \quad \text{bzw.} \quad \varphi = \frac{\omega}{s}. \tag{37}$$

Die Übertragungsfunktion des Oszillators lautet dann

$$G_{VCO}(s) = \frac{d\varphi}{d\bar{U}_D} = \frac{d\omega}{s\,d\bar{U}_D} = \frac{K_v}{s} = K_0\,. \tag{38a}$$

Die Übertragungsfunktion des PD-Gliedes sei angegeben mit

$$K_p = \frac{dU_a}{d\varphi}\,. \tag{38b}$$

Für das Tiefpaßfilter wird hier ein einfaches RC-Glied nach Bild 3 gewählt, das der Übertragungsfunktion nach Gl. (19a) entspricht

$$G_{TP}(s) = \frac{1}{1 + \tau s} \quad \text{mit} \quad \tau = RC. \tag{39}$$

Somit erhalten wir für die Übertragungsfunktion des offenen Regelreises

$$F_0(s) = K_p\, G_{TP}\, G_{VCO} = K_p \frac{1}{1 + \tau s} \frac{K_v}{s}\,. \tag{40}$$

Für den geschlossenen Kreis ergibt sich mit Gl. (27)

$$\frac{X(s)}{W(s)} = \frac{F_0(s)}{1 + F_0(s)} = \frac{K_p K_v}{Ts^2 + s + K_p K_v}\,. \tag{41}$$

Wie man sieht, stellt die Gleichung (41) die Übertragungsfunktion eines Verzögerungsgliedes *zweiter* Ordnung[1]) dar.

Bei der Dimensionierung ist also darauf zu achten, daß der Kreis keine Eigenschwingungen erzeugen kann.

Weiter sieht man aus Gl. (41), daß im stationären Fall (s = 0) die Übertragungsfunktion gleich eins ist, d.h. die Regelabweichung ist Null, was das Einrasten der Schleife bedeutet. Das läßt sich auch aus Gl. (38) zeigen; K_0 bedeutet integrales Verhalten mit der Wirkung: stationäre Regelabweichungen werden Null.

Diese Erkenntnisse sollen nun noch auf ein digitales PLL-System mit einem aktiven Tiefpaßfilter (Integrator) vom Typ 3 (erster Ordnung) angewandt werden (s. Anhang). Es liegt damit ein System zweiter Ordnung vor entsprechend:

Ordnungszahl des PLL = Ordnungszahl des Filters + 1.

---

1) Der Ordnungsgrad entspricht dem höchsten Grad des Polynoms

In Abschnitt 1.5 werden die theoretischen Ergebnisse für dieses PLL-System, das für die Praxis der Synthesizers so große Bedeutung hat, durch ein Dimensionierungsbeispiel dem Leser nähergebracht.

Die Berechnung soll nun mit Hilfe der Bilder 26/27 und 28/29 durchgeführt und diskutiert werden.

Während Bild 26 die Übertragungsparameter in der schon bekannten Form zeigt, sind in Bild 27 diese wieder in den Formalismus der Regelungstechnik umgesetzt.

Wenden wir Gleichung (29) auf Bild 27 an, so ergibt sich der stationäre Phasenfehler $\theta_e(s)$ aus dem Endwert-Theorem ohne Rücktransformation in den Zeitbereich

$$\lim_{t \to \infty} [\theta(t)] = \lim_{s \to 0} [s\,\theta(s)]\ . \tag{42}$$

Mit $F_0(s) = G(s)\,H(s)$ und mit $X(s) = \theta_e(s)$, $W(s) = \theta_i(s)$ geht Gl. (29) über in

$$\theta_e(s) = \frac{1}{1 + G(s)\,H(s)}\ \theta_i(s). \tag{43}$$

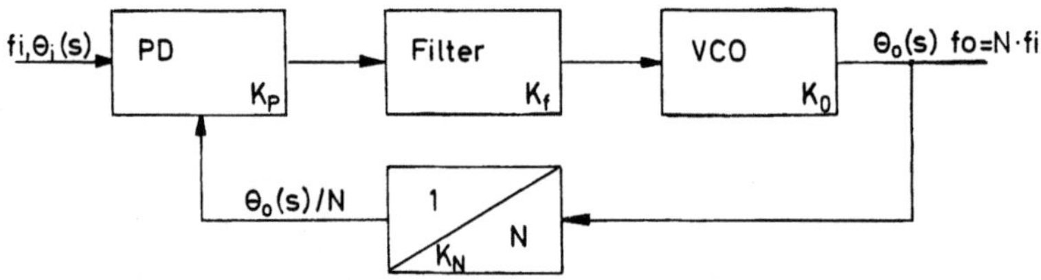

Bild 26 Allgemeines Blockschaltbild einer PLL-Anordnung

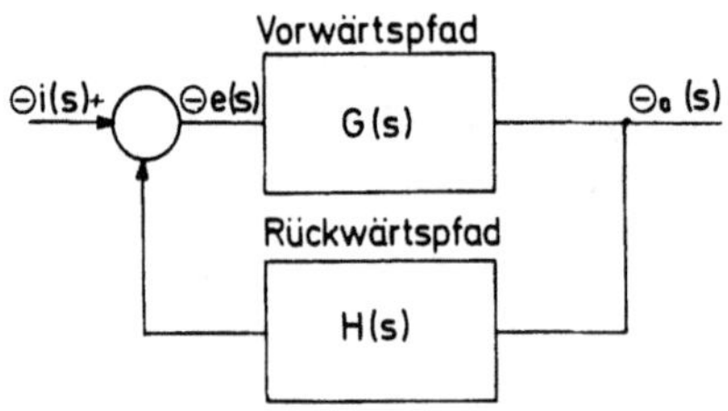

Bild 27

Darstellung des Bildes 26 im Schema der Regelungstechnik

$\theta_i(s)$ Eingangsphase
$\theta_e(s)$ Phasendifferenz
$\theta_0(s)$ Ausgangsphase
G (s) Produkt der einzelnen Übertragungsfunktionen in Vorwärtsrichtung
H (s) Produkt der einzelnen Übertragungsfunktionen in Rückwärtsrichtung

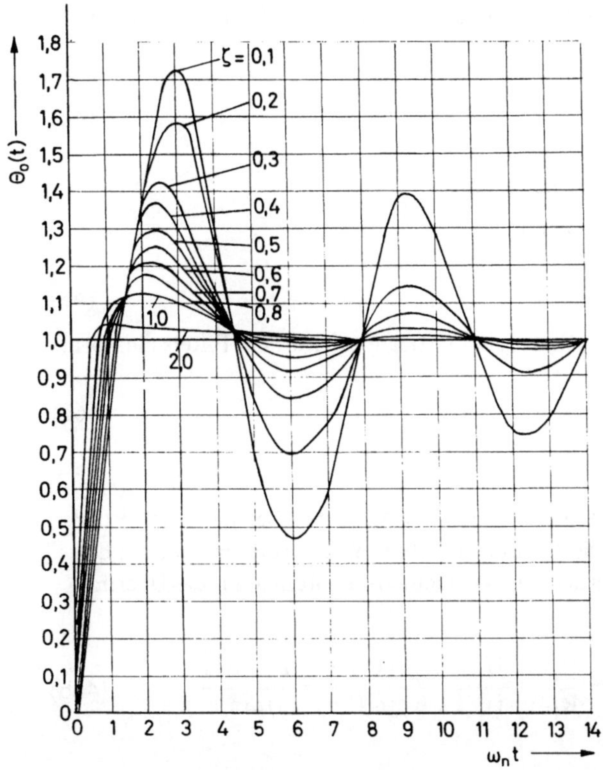

Bild 28 Normierte Übergangsfunktion (Sprungantwort) für ein System vom Typ 2, zweiter Ordnung, mit dem Dämpfungsgrad als Parameter

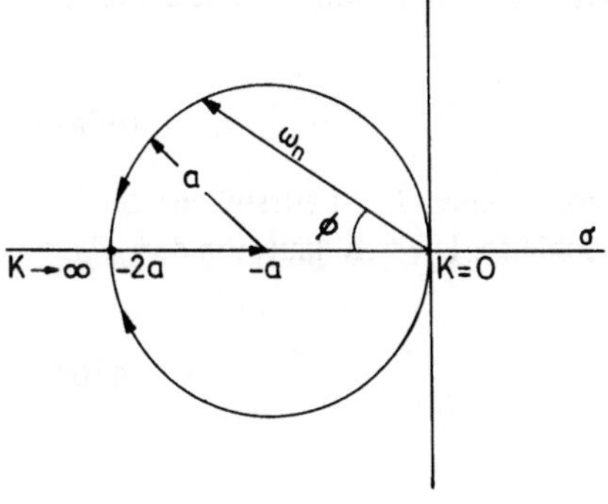

Bild 29

Verlauf der Wurzelortskurve eines Systems vom Typ 2, zweiter Ordnung

Für den gewählten Typ unseres PLL-Systems ergibt sich nach [14] die Übertragungsfunktion als Produkt von

$$G(s)H(s) = \frac{K(s+a)}{s^2} \quad . \tag{44}$$

K stellt hierin die Schleifenverstärkung dar.

Die Übertragungsfunktion wird damit

$$G(s)H(s) = \frac{K}{s}\,\frac{s+a}{s} \,. \tag{45}$$

Um diese Gleichung zu erfüllen, muß der Übertragungsfaktor des Filters die Form

$$\frac{s+a}{s} \tag{46a}$$

haben.

Wie sich aus dem Bild 17 ableiten läßt, wird die geforderte Übertragungsfunktion durch den Tiefpaß Typ 3 realisiert. Unter Annahme einer virtuellen Erde am Eingang des invertierenden Eingangs des OP-Verstärkers erhält man für das Übertragungsverhältnis K_f des Filters

$$K_f = \frac{\hat{U}_2}{\hat{U}_1} = \frac{\hat{U}_2}{R_2 + 1/j\omega C} = \frac{\hat{U}_1}{R_1}\,; \quad \frac{\hat{U}_2}{\hat{U}_1} = \frac{R_2 j\omega C + 1}{R_1 j\omega C} = \frac{1 + j\omega\tau_2}{j\omega\tau_1} \quad . \tag{46b}$$

Mit

$$\tau_1 = R_1 C, \qquad \tau_2 = R_2 C.$$

Mit R_1, R_2, C kann die Schleifencharakteristik festgelegt werden. Die getrennte Wahl von R_1 und R_2 ist für das sichere Arbeiten des PLL-Systems von entscheidender Bedeutung, wie wir aus der späteren Diskussion ersehen werden.

Unser System kann nun durch die sog. charakteristische Gleichung C.E. beschrieben werden. Hierbei ist

$$\text{C.E.} = 1 + G(s)H(s) = 0. \tag{47a}$$

Die Wurzeln dieser Gleichung entsprechen den Polen (Unendlichkeitsstellen) der Gesamtübertragungsfunktion bei geschlossener Schleife. Die C.E. lautet in der Standardform [36]

$$\text{C.E.} = s^2 + 2\zeta\omega_N s + \omega_N^2 \,. \tag{47b}$$

Hierin bedeuten

ω_N Eigenfrequenz des Systems,

ζ Dämpfungsgrad.

Bild 28 zeigt den Verlauf der normierten Übertragungsfunktion (Sprungantwort) $\theta(t) = f(\omega_N t)$ für ein System vom Typ 2 [1]) zweiter Ordnung mit dem Dämpfungsgrad als Parameter. Diese normierten Kurvenscharen gelten sowohl für die zeitliche Reaktion der Ausgangsphase auf einen eingangsseitigen Phasensprung als auch für die zeitliche Reaktion der Ausgangsfrequenz auf einen eingangsseitigen Frequenzsprung.

Zur Ermittlung der Stabilität unseres gewählten Systems wollen wir die grafische Darstellung des sog. Wurzelortskurvenverfahrens anwenden. Dieses besteht in der Lösung der charakteristischen Gleichung C.E. Mit diesen Lösungen läßt sich dann einwandfrei erkennen, ob das System stabil ist oder nicht.

Mit $G(s)H(s) = K(s + a)/s^2$ aus Gl. (44) läßt sich die C.E. wie folgt ansetzen

$$\text{C.E.} = 1 + \frac{K(s + a)}{s^2} = 0 \tag{48}$$

bzw.

$$s^2 + Ks + aK = 0. \tag{49}$$

Die Lösung der quad. Gleichung liefert für $s_{1,2}$ den Wert

$$s_{1,2} = -\frac{K}{2} \pm \sqrt{\frac{K^2}{4} - aK} \tag{50}$$

oder mit $s = j\omega + \sigma$ erhält man

$$s_{1,2} = -\frac{K}{2} \pm j\sqrt{aK - \frac{K^2}{4}}\,. \tag{51}$$

Hier ist σ der Realteil von $s = -K/2 = -x$ gesetzt bzw.

$$K = 2x. \tag{52}$$

In Gleichung $(s) = \pm\sqrt{aK - K^2/4} = y$ gesetzt, erhält man

$$y^2 = aK - \frac{K^2}{4} = 2ax - x^2. \tag{53}$$

---

1) Typ 2 bedeutet Anzahl der Pole der Übertragungsfunktion $G(s)H(s)$ im Nullpunkt.

Hieraus

$$x^2 - 2ax + y^2 = 0. \tag{54}$$

Mit der quadratischen Ergänzung a^2 in Gl. (54) ergibt sich für Gl. (54)

$$(x-a)^2 + y^2 = a^2. \tag{55}$$

Man erhält also die Gleichung eines Kreises mit dem Radius a, dessen Mittelpunkt im Abstand $-a$ auf der reellen Achse liegt.

Diskussion:

Für $K = 0$ wird $s_{1,2} = 0$.

Für $K = 4a$ wird $y = 0$ (Wurzel verschwindet) und $\mathrm{Re}(s) = -2a$ (Kipp-Punkt).

Für $K < 4a$ existiert ein $\pm \mathrm{Im}(s)$.

Für $K > 4a$ strebt $s_1 \to -a$.

Beweis:

$$s_1 = -\frac{K}{2} + \sqrt{\frac{K^2}{4} - aK} = -\frac{K}{2} + \frac{K}{2}\sqrt{1 - \frac{4a}{K}}. \tag{56}$$

Für sehr großes K läßt sich der Wurzelausdruck $\sqrt{1 - 4a/K}$ in die Form überführen:

$$1 - \frac{1}{2}\,\frac{4a}{K}. \tag{57}$$

Damit wird

$$s_1 = -\frac{K}{2} + \frac{K}{2}\left(1 - \frac{2a}{K}\right) = -\frac{K}{2} + \frac{K}{2} - a = -a\,(K \to \infty) \tag{58}$$

$(s_2 = -K + a)$ keine Bedeutung.

Die grafische Darstellung unserer Lösung s_1 zeigt Bild 29. Wie schon aus der Gleichung (55) zu entnehmen war, handelt es sich hierbei um einen Kreis. Die Wurzelortskurve hat zwei Zweige, die im Null-Punkt beginnen und eine Asymptote bei 180° aufweisen. Die Frage nach der Stabilität läßt sich nun in der Weise beantworten, daß durch die zusätzliche Nullstelle bei $-2a$ alle Polstellen in der linken Halbebene zu liegen kommen, was die wichtigste Voraussetzung für ein stabiles System ist. Ohne diese zusätzliche Nullstelle würden sich die Pole in Abhängigkeit von der Verstärkung auf der $j\omega$-Achse bewegen, wodurch das System unstabil würde.

Ein PD4-System (s. Anhang), das phasen- und frequenzsensitiv ist, ist daher nur mit einem Aktivfilter erster Ordnung mit einem Pol bei $\omega = 0$ zu betreiben [7].

Nach diesen theoretischen Betrachtungen soll im nächsten Abschnitt anhand eines praktischen Beispiels der Entwurf eines digitalen Synthesizers, dem ein PLL-System zweiter Ordnung mit einem Aktivfilter und einen PD-Typ 4 zugrunde liegt, behandelt werden.

1.5 Entwurfsbeispiel eines Synthesizers [14]

Forderungen:

- Ausgangsfrequenzen f_a = 2–3 MHz.
- Frequenzstufen = 100 kHz (ist gleichbedeutend mit $f_i = f_{Referenz}$ s. Abschnitt 2.1) Frequenzstufen (Raster-/Kanalfrequenzen) gleich 100 kHz bedeutet, daß Δf = 1 MHz in 10 *diskrete* Frequenzen im Abstand von 100 kHz aufgeteilt wird.
- Umschaltzeit zwischen den einzelnen Kanälen: 1 ms.
- Überschwingen < 20 %.
- Phasenkohärenter Ausgang.

Rechengang:

Als Übertragungsfunktionen in Vorwärts- (G(s)) und Rückwärtsrichtung (H(s)) ergeben sich

$$G(s) = K_p K_f K_0 \tag{59}$$

und

$$H(s) = K_N \tag{60}$$

mit

$$K_N = \frac{1}{N}.$$

Das Teilerverhältnis K_N des programmierbaren Teilers bestimmt sich nach Bild 26

$$N_{min} = \frac{f_{0\,min}}{f_i} = \frac{2\ \text{MHz}}{100\ \text{kHz}}$$

$$N_{min} = 20$$

$$N_{max} = \frac{f_{0\,max}}{f_i} = \frac{3\ \text{MHz}}{100\ \text{kHz}}$$

$$N_{max} = 30$$

Damit

$$K_N = \frac{1}{20} \text{ bis } \frac{1}{30}.$$

Bei der Auswahl des VCO ist ein Typ auszusuchen, der den geforderten Frequenzbereich

$$2\,f_{max} - f_{min} < f_{VCO} < 2\,f_{min} - f_{max}$$

durch die Regelspannung überstreicht.

Der ausgesuchte VCO für unser Beispiel hat laut Datenblatt [17] einen K_v-Wert von

$$K_v = \frac{\text{Frequenzänderung}}{\text{Spannungsänderung}} = \frac{4\text{ MHz} - 1{,}5\text{ MHz}}{5\text{ V} - 3{,}6\text{ V}} \cdot 2\pi = 11{,}2 \cdot 10^6\,\frac{\text{rad}}{\text{V}\cdot\text{s}}$$

somit wird

$$K_0 = \frac{K_v}{s} = \frac{11{,}2 \cdot 10^6\,\frac{\text{rad}}{\text{V}\cdot\text{s}}}{s}.$$

Das s setzt die Frequenzkurve des VCO in einen Phasengang entsprechend Gl. (38) um.

Der Übertragungsfaktor des PD mit K_p bezeichnet, ergibt sich laut Datenblatt

$$K_p = \frac{V_{OH} - V_{OL}}{4\pi} = \frac{DF_{High} - U_{Flow}}{4\pi} = \frac{2{,}3\text{ V} - 0{,}9\text{ V}}{4\pi}$$

$$K_p = 0{,}111\text{ V/rad}.$$

Somit sind K_p, K_0 und K_N bestimmt.

Da ein PLL-System vom Typ 2 (phasenkohärenter Ausgang) 2. Ordnung gefordert ist, ist die Übertragungsfunktion nach Gl. (44) anzusetzen. Hierin ist lediglich noch K_f zu bestimmen. Wie bereits früher in Gl. (44 und 46a) gezeigt wurde, muß das zu verwendende Filter für unseren Fall die Übertragungsfunktion besitzen:

$$K_f = \frac{s + a}{s}.$$

Aus Gl. (46b) entnimmt man hierfür:

$$K_f = \frac{1 + R_2 C s}{R_1 C s}.$$

Aus Gl. (44) mit $G(s)H(s) = K_p K_f K_v K_N / s$ folgt mit $K_f' = 0{,}5\, K_f$

$$G(s)H(s) = K_p \cdot 0{,}5 \frac{R_2 C_2 s + 1}{R_1 C s} \left(\frac{K_v}{s}\right)\left(\frac{1}{N}\right). \tag{61}$$

Der Faktor 0,5 bewertet die endliche Verstärkung des Verstärkers im aktiven Filter. Die C.E. nimmt damit die nachstehende Form an

$$\text{C.E.} = 1 + G(s)H(s) = 0$$

oder in der Standardform

$$\text{C.E.} = s^2 + \frac{0{,}5\, K_p K_v R_2}{R_1 N}\, s + \frac{0{,}5\, K_p K_v}{R_1 C N}. \tag{62}$$

Vergleicht man diese mit der Standardform aus Gl. (47), so findet man durch Koeffizientenvergleich

$$\omega_N^2 = \frac{0{,}5\, K_p K_v}{R_1 C N} \tag{63}$$

und

$$2\zeta\, \omega_N = \frac{0{,}5\, K_p K_v R_2}{R_1 N}. \tag{64}$$

Aus Bild 28 ist zu ersehen, daß ein Dämpfungsgrad von $\zeta = 0{,}8$ ein Überschwingen von weniger als 20 % ergibt – im allgemeinen wird ein Wert von $\zeta = 0{,}7$ als vorteilhaft angesehen –, und, daß für das Einstellen innerhalb der 5 %-Grenze ein Wert von $\omega_N t = 4{,}5$ gilt. Mit

$$1\,\text{ms} \cong 100 \cdot \frac{1}{f_i} \cong \frac{10^2 \cdot 10^3\,\text{ms}}{10^5}$$

für die erforderliche Umschaltzeit, erhält man für ω_N den Wert

$$\omega_N = \frac{4{,}5}{10^{-3}\,\text{s}} = 4{,}5 \cdot 10^3\,\text{rad/s}. \tag{65}$$

Aus Gl. (63) folgt mit den Werten K_p, K_v, N_{max} nach $R_1 C$ aufgelöst

$$R_1 C = \frac{0{,}5 \cdot 0{,}111 \cdot 11{,}2 \cdot 10^6}{4{,}5^2 \cdot 10^6 \cdot 30} \sim 10^{-3}\,\text{s}.$$

Mit $C = 0{,}5\,\mu F$ angenommen, ergibt sich für R_1 der Wert

$$R_1 \sim 2k$$

Aus Gl. (64) nach R_2 aufgelöst:

$$R_2 = \frac{2 \cdot 0{,}8 \cdot 4{,}5 \cdot 10^3 \cdot 2 \cdot 10^3 \cdot 30}{0{,}111 \cdot 11{,}2 \cdot 10^6 \cdot 0{,}5}$$

$$R_2 \approx 700\,\Omega.$$

Damit sind alle Parameter bestimmt und die PLL-Schaltung kann aufgebaut werden.

Wichtig ist noch die Kenntnis der sog. 3 dB-Bandbreite unserer PLL-Schleife. Diese läßt sich aus der nachstehenden Formel errechnen, welche für den Typ 2 zweiter Ordnung gilt [2]:

$$\omega_{-3dB} = \omega_N \sqrt{(1 + 2\zeta^2 + \sqrt{2 + 4\zeta^2 + 4\zeta^4})}. \qquad (66)$$

Für unser Beispiel wird $\omega_{-3dB}(f_{3dB})$

$$f_{3dB} = 1{,}56\text{ kHz}.$$

1.6 Störabstand des Oszillatorsignales

Nach der Berechnung der Filterelemente bleibt noch die Frage zu klären, welche zusätzlichen Störfrequenzen neben dem VCO-Signal noch entstehen können. Im eingeregelten Zustand ist die Regelspannung im idealen Fall eine reine Gleichspannung. Wie wir aber aus den Ausführungen über die Phasendiskriminatoren gesehen haben, geben alle eine bestimmte Störspannung in Form von mehr oder weniger gepulsten Gleichspannungen ab. Hierzu addieren sich in den meisten Fällen noch Störspannungen, die von anderen Schaltungselementen (Digital-Teiler, Schaltstufen und andere) auf die Regelleitung überkoppeln. Das bedeutet aber, daß der Oszillator (VCO) durch jede Störspannung zusätzlich frequenzmoduliert wird.

Der Hauptanteil der zu unterdrückenden Störung sind meistens die Referenzfrequenz und ihre Harmonischen. Für unser Beispiel soll anhand der unten ohne nähere Ableitung angegebenen Formel [17] eine Kontrollrechnung durchgeführt werden.

Geht man davon aus, daß in Gl. (46) $\omega_{ref} > 1/\tau_2$ mit $\omega = \omega_{ref}$ ist, so kann man für K_f die Vereinfachung machen:

$$K_f \sim \frac{R_2}{R_1}.$$

Substituiert man R_2 und R_1 aus Gl. (63) und Gl. (64), so erhält man die Formel

$$\frac{\text{Seitenband-Pegel}}{A} = \hat{U}_p \frac{\zeta N \omega_N}{\omega_{ref} K_p}$$

$\hat{U}_p$ Spannungsanteil der Referenzfrequenz am Ausgang des PD (Spitzenwert in mV); dieser Wert berechnet sich aus dem Tastverhältnis mittels der Fourier-Analyse. Im Anhang ist eine Tabelle zur Bestimmung dieser Spannung in Abhängigkeit vom Tastverhältnis angegeben.

$$A = \hat{U}_p \frac{T}{t_i}$$

Setzt man die Werte unseres Beispiels oben in die Formel ein, so erhält man $\hat{U}_p \cdot 1{,}55$ [1]. Bei Annahme einer $\hat{U}_p$-Spannung von 1,2 mV für $t_i/T = 0{,}1\,\%$ (nach Tabelle) wird A = 1200 mV und damit

$$\hat{U}_p \cdot 1{,}55 = 1{,}86 \text{ mV}.$$

Drückt man diese Spannung im Verhältnis zu A aus, so ist die Seitenbandunterdrückung

$$SB = 20 \log \frac{1200}{1{,}86} = 56{,}2 \text{ dB}$$

---

1) $\hat{U}_p \frac{0{,}8 \cdot 30 \cdot 4500}{2\pi \cdot 10^5 \cdot 0{,}111} = \hat{U}_p \cdot 1{,}55$

2 PLL-Technik in der Praxis

Nach Darlegung der allgemeinen Grundlagen eines PLL-Systems soll nun in dem folgenden Kapitel auf die Anwendung und Entwurf dieses Verfahrens näher eingegangen werden.

Am Beispiel bestimmter Schaltungskonzepte soll der Leser die zweckmäßige Anwendung dieser Technik kennenlernen, die ihn schließlich auch zu eigenen Entwürfen befähigen läßt.

2.1 Frequenzsynthesizer

2.1.1 Grundlagen der Frequenzsynthesizer

Eine der wichtigsten Anwendungen ist zweifellos die Erzeugung quarzstabiler Rasterfrequenzen mit Hilfe der PLL-Schleife.

Die Frequenzökonomie verlangte in den letzten Jahren eine immer bessere Ausnutzung der Frequenzbänder sowohl im zivilen wie im militärischen Bereich. Während man in den früheren Jahren sog. Frequenzraster-Sender in Vielquarztechnik ausführte, gelingt es mit Hilfe der PLL-Technik, hochstabile Trägerfrequenzen in jeweils gewünschtem Frequenzabstand in der Regel von einer einzigen quarzstabilen Referenzfrequenz abzuleiten. Bei diesem unter dem allgemeinen Begriff *Synthesizer* angewendeten Verfahren unterscheidet man im wesentlichen 2 Syntheseverfahren [9, 10]:

direkte Synthese,
indirekte Synthese (auch *Frequenzanalyse-Verfahren* genannt).

Während die direkte Synthese die *Endfrequenz* durch Addieren und Subtrahieren von einzelnen Frequenzen, die über dekadische Teiler ein hochstabiler Generator liefert, unter Verwendung von Mischstufen und selektiven Filtern gebildet wird, gibt es beim Analyse-Verfahren (indirekte Synthese) nur *einen freischwingenden* VCO-Generator. Dieser wird, wie schon unter den Abschnitten 1.1 bis 1.3 ausführlich erklärt, durch eine Referenzfrequenz über den Phasenvergleicher synchronisiert. Ein sog. programmierbarer Teiler sorgt für die gewünschten Ausgangsfrequenzen, die im Arbeitsbereich des VCO liegen.

Da sich das Buch ausschließlich mit der PLL-Technik befaßt, wird auf das direkte Syntheseverfahren nicht näher eingegangen. Soviel sei nur angedeutet, daß es noch vorwiegend in der Meßtechnik und bei Großsender-Steuerstufen angewandt wird.

Da eine der wichtigsten Forderungen in der spektralen Reinheit der erzeugten Frequenzen besteht, unterscheiden sich hierin die beiden Verfahren erheblich.

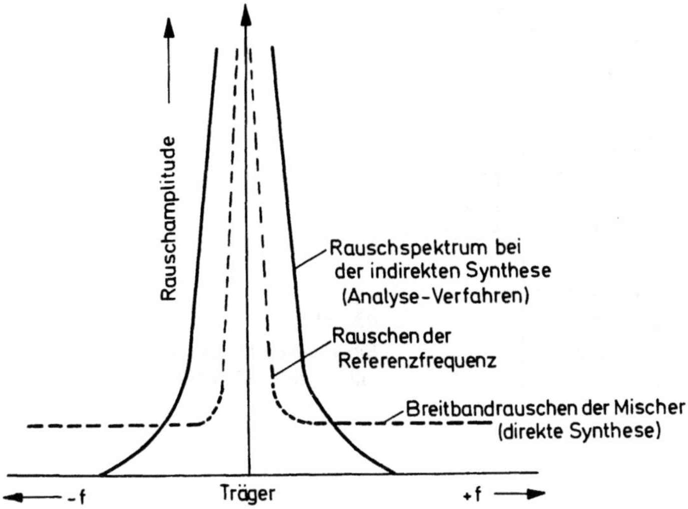

Bild 30 Rauschkurven der Ausgangssignale bei direkter und indirekter Synthese

Bild 30 zeigt die Rauschspektren bei der direkten und indirekten Synthese. Während in der nahen Umgebung der quarzstabilen Trägerfrequenz im Fall der direkten Synthese die Amplituden des Rauschspektrums steil abfallen, so stellt sich im weiteren Abstand ein relativ hohes konstantes Breitband-Rauschspektrum ein, das seine Ursache in den mehrfachen Rauschquellen der Mischer und Verstärker hat. Der bei der indirekten Synthese verwendete LC-Oszillator besitzt dagegen ein Trägerrauschspektrum, das je nach Güte des frequenzbestimmenden Schwingkreises mehr oder weniger breit ist. Durch die Verwendung schmalbandiger Tiefpaßfilter wird aber das Breitbandrauschen schnell unterhalb des Pegels beim indirekten Syntheseverfahren abfallen. Ein gewisser Nachteil besteht allerdings in der Länge und Umschaltzeit bei Frequenzwechsel gegenüber dem direkten Syntheseverfahren, der aber im allgemeinen in Kauf genommen werden kann.

Das Bild 31 zeigt den grundsätzlichen Aufbau eines Synthesizers nach dem Analyseverfahren unter Verwendung eines festen Vorteilers M, eines programmierbaren Teilers N und eines Vorteilers R für die Referenzfrequenz f_q.

Gefordert sei ein bestimmter Rasterabstand Δf der einzelnen Ausgangsfrequenzen. Würden die beiden Vorteiler M und R entfallen, dann ergebe sich:

$$f_{out} = N \cdot f_r = N \cdot f_q. \qquad (67)$$

In diesem Fall ist f_q gleich dem Rasterabstand Δf.

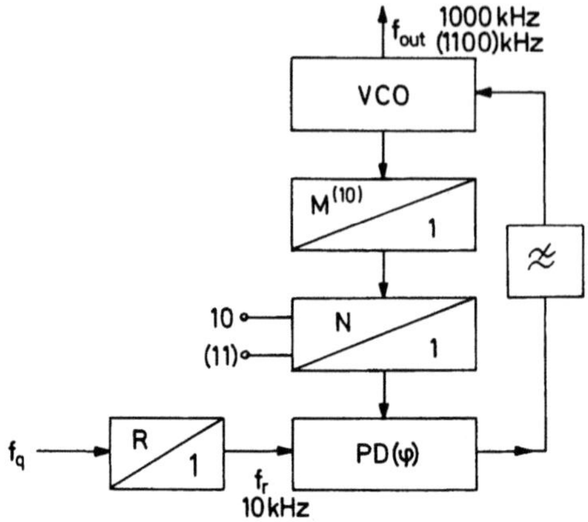

Bild 31
Blockschaltbild eines Synthesizers mit Vorteiler M und R

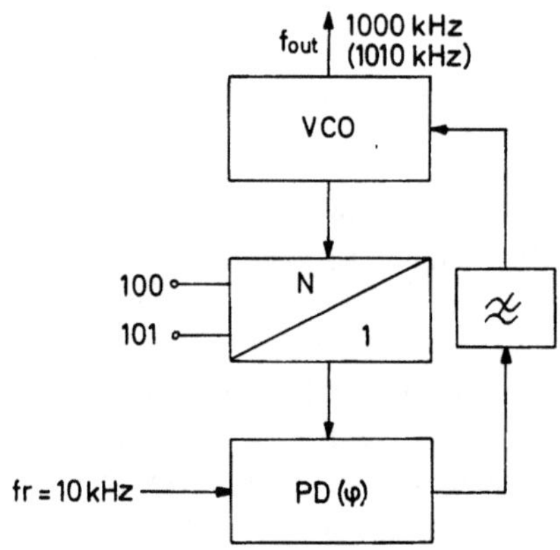

Bild 32
Blockschaltbild eines Synthesizers ohne Vorteiler mit einstellbarem Teiler

Wird ein Vorteiler M vor den Teiler N geschaltet, so wird der Rasterabstand Δf auf $M \cdot f_r$ erhöht.

Ein Beispiel soll diesen Sachverhalt aus Bild 32 erklären: Bei N = 100 ist nach Gl. (67) $f_{out_1} = 1000$ kHz. Wird jetzt N auf 101 gestellt, so wird $f_{out_2} = 101 \cdot 10$ kHz = 1010 kHz, d.h. $\Delta f = 10$ kHz.

Wird jetzt, wie Bild 31 zeigt, vor dem einstellbaren Teiler N ein fester Vorteiler M geschaltet, so erhöht sich bei gleicher f_r-Frequenz der Rasterabstand auf

$$\Delta f = M \cdot N \cdot f_r \; \ldots . \qquad (68)$$

Das Zahlenbeispiel mit M = 10 : 1 zeigt diesen wichtigen Zusammenhang.

Für N = 10 wird $f_{out_1} = 10 \cdot 10 \cdot 10\,kHz = 1000\,kHz$.

Wird jetzt N auf 11 eingestellt, so wird

$$f_{out_2} = 10 \cdot 11 \cdot 10\,kHz = 1100\,kHz,$$

d.h. Δf ist jetzt auf $M \cdot f_r = 10 \cdot 10\,kHz = 100\,kHz$ angestiegen, gegenüber 10 kHz *ohne* Vorteiler. Wird nun noch der Vorteiler R eingeschaltet, um die in der Regel niedrigere Referenzfrequenz aus einer höheren Quarzfrequenz zu erhalten, so ergibt sich das folgende Bildungsgesetz für den Rasterabstand Δf:

$$\Delta f = \frac{f_q}{R} \cdot M \tag{69}$$

und

$$f_{out} = N\left(\frac{f_q}{R} \cdot M\right). \tag{70}$$

Weiter besteht aus Gl. (69) die Beziehung

$$f_r = \frac{f_q}{R} = \frac{\Delta f}{M}. \tag{71}$$

Die Vorteilung ist beim Aufbau von Synthesizern oberhalb 20 MHz erforderlich, da die programmierbaren Teiler in der üblichen TTL-Technik hier ihre Anwendungsgrenze haben.

Die sog. ECL-Technik eignet sich für direktes Arbeiten, d.h. ohne Vorteiler, noch für Frequenzen um die 100 MHz; sie ist aber teuer und stromaufwendig. Die sehr energiesparende CMOS-Technik ist dagegen nur bis etwa 6 MHz für direktes Arbeiten einzusetzen.

Bei hohen Vorteiler-Verhältnissen und gewünschten kleinen Rasterabständen wird die erforderliche Referenzfrequenz f_r gemäß Gl. (71) relativ niedrig. Der damit erforderliche Tiefpaß mit niedriger Grenzfrequenz setzt die Regelgeschwindigkeit der Schleife wesentlich herab. Eine Faustformel besagt, daß die Einstellzeit der Schleife ungefähr das *Hundertfache* der *Periodendauer der Referenzfrequenz* beträgt.

Nach dieser Einleitung in die Technik der Synthesizer soll an einem weiteren Zahlenbeispiel der Grundentwurf für einen UKW-Empfänger demonstriert werden. Hierbei geht es um die Erzeugung der Oszillatorfrequenzen von 98,8 MHz bis 118,6 MHz, die wieder durch entsprechende Teiler im Rasterabstand von 200 kHz verändert werden sollen.

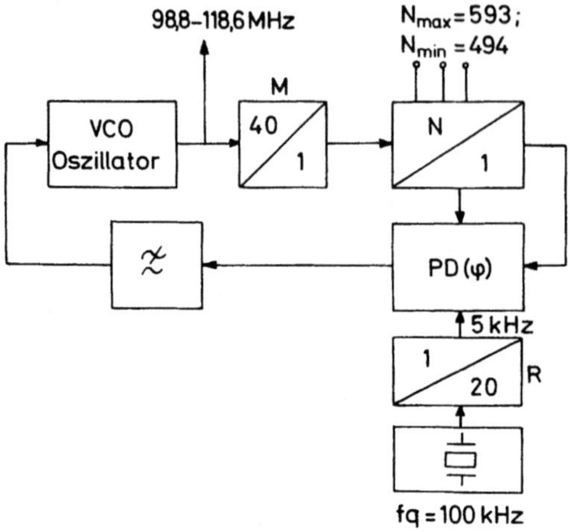

Bild 33
PLL-Grundschaltung für einen FM-UKW-Empfängeroszillator

Das Blockschaltbild 33 zeigt den Aufbau mit den eingetragenen Frequenz- und Teilerwerten.

Für $f_r = 5$ kHz ergibt sich nach Gl. (71)

$$M = \frac{\Delta f}{f_r} = \frac{200\ \text{kHz}}{5\ \text{kHz}} = 40$$

und für

$$R = \frac{f_q}{f_r} = \frac{100\ \text{kHz}}{5\ \text{kHz}} = 20.$$

Die Werte N_{max} und N_{min} ergeben sich dann aus Gl. (70) mit

$$N = \frac{f_{out}}{M f_r}$$

$$N_{max} = \frac{118{,}6\ \text{MHz}}{0{,}2\ \text{MHz}} = 593$$

und

$$N_{min} = \frac{98{,}8\ \text{MHz}}{0{,}2\ \text{MHz}} = 494.$$

Der Vorteiler M = 40 : 1 kann auch aus Kombinationen zusammengesetzt werden, z.B. aus 10 : 1 und 4 : 1; an der Rechnung ändert sich aber nichts.

Die Referenzfrequenz von 5 kHz kann aus einem quarzstabilen Generator von $f_q = 100$ kHz mit einem nachgeschalteten Teiler R = 20 : 1 erzeugt werden.

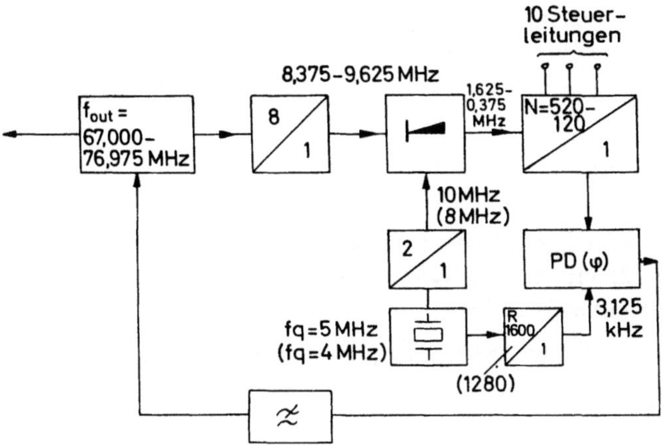

Bild 34 PLL-Schleife mit Vorteiler, Mischer und einstellbarem Teiler für 400 Kanäle (25 kHz-Raster)

Durch die Verwendung relativ hoher Vorteiler wird, wie wir gesehen haben, die Referenzfrequenz um dieses Verhältnis gegenüber der Schrittweite herabgesetzt. Dieses verringert die Eigenfrequenz des Regelsystems, wodurch sich längere Einschwingzeiten ergeben. Diesen Nachteil kann man unter Verwendung einer Mischstufe, die zwischen dem VCO und dem einstellbaren Teiler eingefügt wird, weitgehend vermeiden.

Am Beispiel eines 400-Kanal-Synthesizers [8] soll diese Version erläutert werden. Das Blockschaltbild in Bild 34 zeigt mit den eingetragenen Zahlenwerten die Zusammenhänge. Die Ausgangsfrequenz soll hierbei in Schritten von 25 kHz umschaltbar sein. Für die angegebenen f_{out}-Frequenzen sind das also 400 Rasterfrequenzen.

Der Vorteiler 8 : 1 hat zur Folge, daß die Referenzfrequenz

$$f_r = \frac{25\ \text{kHz}}{8} = 3{,}125\ \text{kHz}$$

betragen muß.

Gleichzeitig setzt er die absolute Bandbreite von ursprünglich 10 MHz auf

$$\frac{10\ \text{MHz}}{8} = 1{,}25\ \text{MHz} = 9{,}625 - 8{,}375\ \text{MHz}$$

herab. Diese Frequenzen werden mit der doppelten Quarzfrequenz (10 MHz) gemischt, wodurch sich diese in die tieferen Frequenzen 1,625 ÷ 0,375 MHz umsetzen. Hierfür läßt sich jetzt die sehr leistungssparende CMOS-Technik gut einsetzen.

Die Teilerstufen ergeben sich dann mit:

$$N_{max} = \frac{1625 \text{ kHz}}{3{,}125 \text{ kHz}} = 520$$

$$N_{min} = \frac{375 \text{ kHz}}{3{,}125 \text{ kHz}} = 120$$

Die durch Verdoppelung aus der f_q = 5 MHz gewonnene 10 MHz-Frequenz und die durch M = 1600 auf 3,125 kHz geteilte Referenzfrequenz bestimmen die Genauigkeit der Ausgangsfrequenzen.

Bei dieser Schaltung ergibt sich für die Ausgangsfrequenz folgendes Bildungsgesetz:

$$f_{out} = M\, f_q \left(X \mp \frac{N}{R} \right) \tag{72}$$

M Vorteilerverhältnis

f_q Quarzfrequenz

X Vervielfachungsfaktor von f_q

R Teilungsfaktor für f_q auf die Referenzfrequenz

Das „–“ Zeichen in Gl. (72) gilt für $f_{Misch} > f_{Vorteilerausgang}$.
Das „+“ Zeichen gilt für $f_{Misch} < f_{Vorteilerausgang}$.

Fall 1:

$$f_{Misch} > f_{out/M} .$$

Für unser Beispiel in Bild 34 ergibt sich für M = 8, N = 520, X = 2, R = 1600 und f_q = 5 MHz:

$$f_{out\,min} = 8 \cdot 5 \left(2 - \frac{520}{1600} \right) = 67 \text{ MHz}$$

$$f_{out\,max} = 8 \cdot 5 \left(2 - \frac{120}{1600} \right) = 77 \text{ MHz}$$

Fall 2:

$$f_{Misch} < f_{out/M}, \quad f_{Misch} = 8 \text{ MHz}, \quad f_q = 4 \text{ MHz}.$$

Mit

$$f_q = 4 \text{ MHz}, \quad R = 1280, \quad N_{max} = \frac{9{,}625 - 8000}{3{,}125} = 520$$

und

$$N_{min} = \frac{8375 - 8000}{3{,}125} = 120.$$

Aus Gl. (72) mit + Zeichen erhält man:

$$f_{out\,max} = 8 \cdot 4 \left(2 + \frac{520}{1280}\right) = 77 \text{ MHz},$$

$$f_{out\,min} = 8 \cdot 4 \left(2 + \frac{120}{1280}\right) = 67 \text{ MHz}.$$

Hier drehen sich die Verhältnisse insofern um, als zu N_{max} die hohe Frequenz f_{out} gehört im Gegensatz zu Fall 1.

In der Praxis wird man schon aus optischen Gründen f_M stets höher wählen als $f_{out/M}$, damit die sich beim Mischvorgang bildenden Offset-Frequenzen außerhalb der Bandbreite der Regelschleife zu liegen kommen. Die Frequenzeinstellung selbst erfolgt dann ausschließlich durch Codierung der 10 Steuerleitungen des einstellbaren Teilers.

Wie man aus diesem Beispiel entnehmen kann, setzt der Mischer die unter Umständen erforderliche Vorteilung wesentlich herab. Bei Verwendung der CMOS-Technologie bei einer Arbeitsfrequenz von 5 MHz und bei festem Vorteiler hätte dieser ca. 15 : 1 betragen müssen. Die sich hieraus ergebende Referenzfrequenz hätte sich dann auf $f_r = 1{,}67$ kHz verringert, d.h. fast um die Hälfte.

Ein letztes Grundlagen-Beispiel, das aus der UHF-Technik entnommen ist, soll die Anwendung von zwei PLL-Schleifen zeigen. Dieses Verfahren ist auch unter der Bezeichnung *Doppelzählverfahren* bekannt [13].

Es zeichnet sich gegenüber dem Verfahren mit *einer* Regelschleife und entsprechenden Vorteilern dadurch aus, daß es trotz kleiner Rasterabstände sehr schnelle Umschaltzeiten bei relativ hohen Referenzfrequenzen ermöglicht.

Dieses Verfahren sei mittels Bild 35 erklärt. Es wird eine Ausgangsfrequenz von $f_{out} = 250 \div 500$ MHz (Oktave) mit einem Rasterabstand von $\Delta f = 125$ kHz gewünscht. Das Bild zeigt, daß 2 Regelschleifen zur Anwendung kommen, und zwar stellt die linke Regelschleife die sog. Grobschleife mit einem durchstimmbaren Oszillator für $f_{out_1} = 240 \div 490$ MHz, dem Trennverstärker TV_1 und Vorteiler $M = 25 : 1$ dar.

Die Teilungsfrequenzen sind dann 9,6–19,6 MHz. Da das Grobraster 10 MHz betragen soll, muß

$$f_{r1} = \frac{10\,000}{25} \text{ kHz} = 400 \text{ kHz} \qquad \text{betragen.}$$

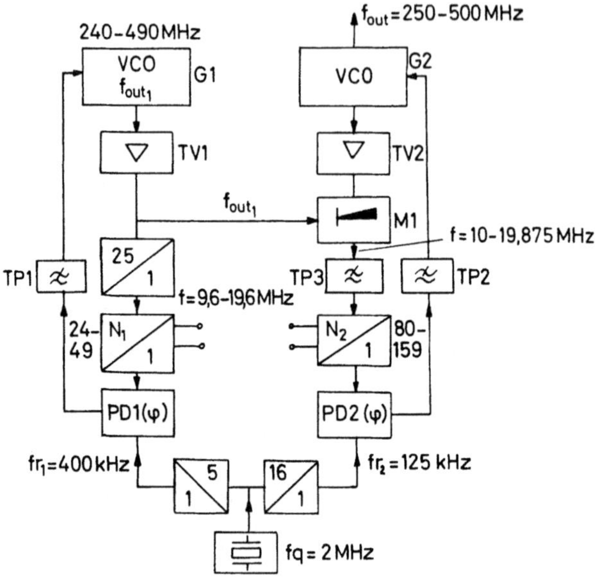

Bild 35 Das Doppelzählverfahren mit 2 PLL-Schleifen und einem Mischer

Der einstellbare Teiler ergibt sich dann mit

$$N_{min} = \frac{9600\ \text{kHz}}{400\ \text{kHz}} = 24$$

und

$$N_{max} = \frac{19\,600\ \text{kHz}}{400\ \text{kHz}} = 49.$$

Die so einstellbare G_1-Frequenz und die gewünschte Ausgangsfrequenz des Generators G_2 mit f_{out} = 250–500 MHz werden in der Mischstufe M_1 in die Frequenzen 10÷19,875 MHz umgesetzt; der nachgeschaltete Tiefpaß TP3 unterdrückt unerwünschte Mischprodukte.

Das Feinraster von Δf_2 = 125 kHz ergibt sich dann durch die ganzzahligen Teilereinstellungen (N_2) von 80÷159; nämlich

$$\frac{10\,000}{80}\ \text{kHz} = 125\ \text{kHz} \quad \text{und} \quad \frac{19\,875}{159}\ \text{kHz} = 125\ \text{kHz}.$$

Als Ausgangsfrequenz ergibt sich damit

$$f_{out} = f_{out_1} + N_2 \cdot \Delta f_2 . \qquad (73)$$

Zahlenbeispiele:

$f_{out} = 240$ MHz + 80 · 125 kHz = (240 + 10) MHz = 250 MHz
$f_{out} = 240$ MHz + 81 · 125 kHz = (240 + 10,125) MHz = 250,125 MHz
$f_{out} = 240$ MHz + 159 · 125 kHz = (240 + 19,875) MHz = 259,875 MHz
$f_{out} = 250$[1] MHz + 80 · 125 kHz = (250 + 10) MHz = 260 MHz

2.1.2 Beispiele ausgeführter Synthesizer für die Sende- und Empfängertechnik

Nach der numerischen Darstellung des Synthesizer-Prinzips an Hand einiger Beispiele soll im nachfolgenden Abschnitt näher auf die Schaltungstechnik von Synthesizern eingegangen werden.

Es würde natürlich den Rahmen des Buches bei weitem überschreiten, wenn für jede vorgestellte Schaltung eine genaue Bauanleitung gegeben würde. Der Autor hält es für ausreichend, wenn die PLL-Technik an einigen ausgewählten Schaltungskonzepten aus der Industrie und aus der Fachliteratur erklärt wird. Die einzelnen Varianten unterscheiden sich im Prinzip nur unwesentlich voneinander, wobei die Aufgabenstellung einen mehr oder weniger großen Aufwand an Bauelementen erfordert.

Das Kernstück eines in der Frequenz einstellbaren Synthesizers, d.h. in Frequenzschritten (Rasterfrequenzen), bildet der programmierbare Teiler (engl. *Divider by N*) in der Regel mit einem oder mehreren Vorteilern (engl. *prescaler*). Die Bedeutung der Teiler wurde in den Kapiteln 1 und 2 erläutert.

Da aber für das Verständnis der technischen Synthesizer-Schaltungen die Art der Teiler- und Zähltechnik von Wichtigkeit ist, soll vor der Besprechung der vorgesehenen Beispiele kurz auf die Arbeitsweise der am häufigsten verwendeten Teiler eingegangen werden. Man unterscheidet bei den digitalen Teilern komplexe Vorwärts- und Rückwärtszähler, die in der Regel als sog. 4-Bit-Binärzähler (Teiler durch 16), auch dekadische Zähler genannt, ausgeführt sind.

Die Arbeitsweise der Vor- bzw. Rückwärtszähler wird später erklärt. Die Verwendung des sog. tetradischen Codes, der auch als 1–2–4–8 (BCD–Code) bekannt ist, leitet sich aus dem Binärcode durch Weglassen der 6 Stellen ab.

---

[1] $f_{out_1} = N_1(25) \cdot M(25) \cdot f_r(400\text{ kHz}) = 250$ MHz

2^3	2^2	2^1	2^0	
8	4	2	1	Dezimalwert
0	0	0	0	0
0	0	0	L	1
0	0	L	0	2
0	0	L	L	3
0	L	0	0	4
0	L	0	L	5
0	L	L	0	6
0	L	L	L	7
L	0	0	0	8
L	0	0	L	9

Bild 36

Die Wahrheitstabelle in Bild 36 zeigt den Dezimalwert von 0 bis 9 in der entsprechenden dualen Schreibweise. Wie man sieht, genügt für die Darstellung der Dezimalzahlen 0 bis 9 in binärer Schreibweise ein Zähler mit 4 Ausgängen, wobei jeder Ausgang ein Bit bedeutet.

Will man mit größeren Dezimalzahlen als 9 rechnen, so verwendet man für jede Dezimalstelle einen 4-Bit-Zähler mit 4 Binär-Zahlen = einer *Tetrade* und schaltet diese hintereinander. Die Schaltung muß so beschaffen sein, daß jede Tetrade bei Erreichen der Dezimal 10 einen Übertrag auf die nächsthöhere Tetrade liefert.

Beim Aufbau des Zählers muß eine Rückführung vorgesehen werden, die den Zähler nach den zehn Impulsen wieder auf 0 setzt.

Bild 37 zeigt den vereinfachten Grundaufbau eines dreistelligen Teilers. Da die Eingabe des vorgesehenen Teilerverhältnisses als Dezimalwert vorgenommen werden soll, müssen vor den Zählstufen noch sog. BCD/Dezimalcodierer geschaltet werden. Ihre Aufgabe besteht darin, die eingegebenen Ziffern in die entsprechenden binären Signale umzusetzen. Dieses erfolgt über eine Kombination von UND- sowie ODER-Schaltungen, die in der Regel NAND- und NOR-Gatter enthalten.

Der gesamte Zählerumfang des im Bild 37 gezeigten Zählers beträgt 000 ... 999, wobei IS1 die Einer, IS2 die Zehner und IS3 die Hunderter zählt. Die gezählten Impulse stehen an den BCD-Ausgängen in binärcodierter Form zur Decodierung in den Dezimalcode mit IS4–IS6 zur Verfügung.

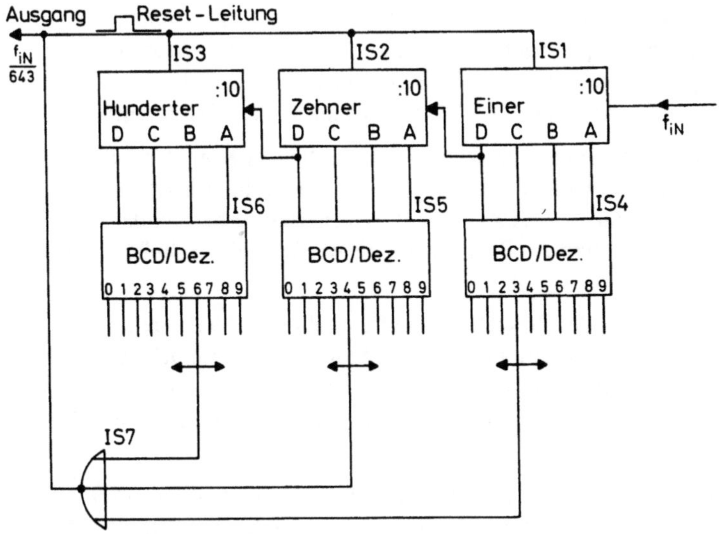

Bild 37 Prinzip eines 3-stelligen Frequenzteilers

In dieser Darstellung ist zur Illustration der Einer-Zähler auf 3, der Zehner-Zähler auf 4 und der Hunderter-Zähler auf Ausgang 6 eingestellt. Jeder dieser Ausgänge führt zum Eingang eines NOR-Gliedes (IS7). Die Pfeile sollen andeuten, daß die Anschlüsse 0 bis 9 einzeln über einen Schalter mit dem Eingang des NOR-GATE verbunden werden können. Der logische Zustand an den Ausgängen von IS4–IS6 hängt von der Anzahl der gezählten Impulse am zugehörigen Zähler ab. So wird nach 3 Eingangsimpulsen nur der Ausgang Dezimal 3 auf L-Potential liegen, während sich alle übrigen Ausgänge auf H-Potential befinden. Nach 643 Eingangsimpulsen werden alle 3 Eingänge des NOR-Gates auf L-Potential gehen und bis zum Eintreffen des nächsten Zählimpulses einen kurzen H-Impuls am Gate-Ausgang ergeben. Da dieser Ausgang mit den sog. Reset-Eingängen der Zähler verbunden sind, setzt er die Zählerkette wieder auf die programmierte Einstellung zurück, so daß der Zählerzyklus von neuem beginnen kann.

Die Ausgangsfrequenz des Teilers beträgt somit $f_{in}/643$. Die Zeit zum Rücksetzen des Zählers von 000 auf 643 muß klein gegenüber der Periodendauer der zu zählenden Frequenz sein, damit keine Zählimpulse verlorengehen.

Wäre ein Vorteiler M = 5 : 1 verwendet worden, so ergebe sich ein Gesamtteilungsfaktor von $643 \cdot 5 = 3215$. Diese so geteilte VCO-Frequenz wird dann dem PD zugeführt, um mit der Referenzfrequenz verglichen werden zu können.

Jetzt kann auch die Bezeichnung *Vor-* bzw. *Rückwärtszähler* erklärt werden. In dem beschriebenen Grundbeispiel handelt es sich um einen sog. Abwärtszähler. Von Zählbeginn an zählt er rückwärts, bis alle Bausteine am Eingang des NOR-Gates auf L-Potential stehen; der Ausgang des NOR-Gates geht dann auf H-Potential.

Bei einem Aufwärtszähler ist der gewünschte Divisor als Neuner-Komplement einzugeben. In unserem Beispiel wäre das 356 (999 – 643); der Zähler läuft dann jeweils bis 999 und springt dann auf 356 zurück. Der Teilerfaktor beträgt dann 999 – 356 = 643. Ein Teiler- und ein Rücksetzimpuls werden bei der Stellung 999 abgegeben.

Eine Zählertechnik, die unter der Bezeichnung Pulse-swallowing-Verfahren bekannt geworden ist, soll noch kurz erläutert werden. Der Ausdruck *pulse swallowing* (= *Puls verschlucken*) soll darauf hinweisen, daß z.B. bei Verwendung eines Vorteilers 11/10 beim Teilen mit 11 der Extraimpuls den Hauptzähler nicht beeinflußt (also verschluckt wird).

Bild 38 zeigt ein Prinzip dieser Zählereinrichtung. Sie besteht hier aus einem festen Vorteiler mit der internen Umschaltung 11/10, dem Einerzähler, der hier als sog. Hilfszähler dient (swallow counter), und den bereits bekannten dekadischen Zehner-, Hunderter-, Tausender-Zählstufen = Hauptzähler (programming counter).

Der Einsatz dieser Zähleranordnung erfolgt speziell beim Arbeiten mit hohen Schaltgeschwindigkeiten, wo verhindert werden soll, daß beim Rücksetzen der Zähler Zählimpulse verlorengehen.

Um sich eine allgemeine Vorstellung von der Zeitfolge der Impulse zu machen, sei eine Arbeitsfrequenz von 50 MHz angenommen. Am 1-Hz-Dekadenzähler folgen die Impulse im Abstand von $10^9/50 \cdot 10^6 = 20$ ns, am 10 Hz-Zähler im Zeitabstand

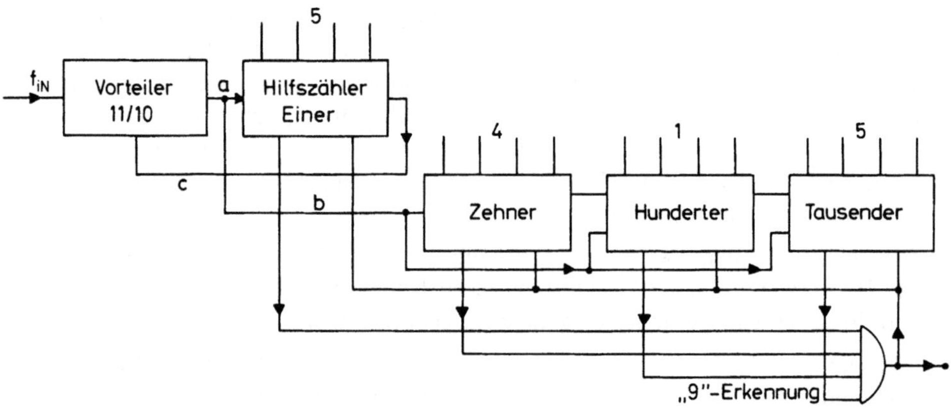

Bild 38 Frequenzteiler nach dem pulse-swallowing-Verfahren

von 200 ns usw. Der Vorteil dieses Verfahrens liegt darin, daß von Beginn der Zählung an vom Ausgang des Vorteilers nach 11 Impulsen der zu teilenden Frequenz 1 Impuls an den Hilfszähler abgegeben wird (Weg a) und gleichzeitig an den Zähler der ersten Dekade des Hauptzählers (Weg b).

Ist am Hilfszähler die 9 erreicht, schaltet der Hilfszähler über Weg c auf das Teilerverhältnis 10: 1 des Vorteilers um. Hierbei bleibt der Hilfszähler auf seinem Endwert stehen. Die 10: 1 geteilten Impulse werden dann nur noch von dem Hauptzähler aufgenommen. Haben diese ebenfalls die 9 erreicht, wird durch Bildung eines Rücksetzimpulses der Vorteiler wieder auf 11 : 1 und die übrigen Teiler auf das eingegebene Teilerverhältnis gesetzt. Ein neuer Zählzyklus kann damit wieder beginnen.

Ein Zahlenbeispiel soll diesen Ablauf erläutern: Es sei z.B. die Frequenz 48,540 MHz = 48 540 000 Hz auf 10 kHz zu teilen; der Teilungsfaktor beträgt dann 4854.

Hilfszähler und Hauptzähler sind, da ein Aufwärtszähler vorliegen soll, auf Neunerkomplement zu programmieren.

Anfangszustand:

Hilfszähler	Hauptzähler			
Einer 5	Zehner 4	Hunderter 1	Tausender 5	Neunerkomplement

Der Hilfszähler benötigt 4 Impulse, um von 5 auf den Endwert 9 zu kommen. Gleichzeitig wird der Zehnerzähler durch die 4 Impulse auf die 8 gesetzt; der Hunderter- und der Tausenderzähler bleiben unverändert.

Damit also:

Anfangszustand	Einer 5	Zehner 4	Hunderter 1	Tausender 5
n. 44 Impulsen v. f_{in}	9	8	1	5
bis zum Ende der Zählereinstellung sind	0	1	8	4

noch nötig 481 Impulse vom Vorteiler = 4810 Impulse von f_{in}

Für den gesamten Zählzyklus muß f_{in} = 44 + 4810 = 4854 Impulse liefern, was dem obigen Teilungsfaktor entspricht.

Nach dieser allgemeinen Einführung in die Zählertechnik hat der Anwender noch eine Entscheidung für die Art der Technologie seiner zu verwendenden Zählerbausteine zu treffen.

So bieten eine Reihe von Firmen [18] eine große Palette sehr leistungsfähiger Vorteiler an, die bei Einsatz im Bereich von Frequenzen größer als 20 MHz in ECL-Technik hergestellt sind. Unterhalb von 20 MHz wird in erster Linie die TTL-Technik verwendet. Für die programmierbaren Teiler mit Eingangsfrequenzen kleiner 6 MHz wird in immer größerem Umfang die CMOS-Technologie eingesetzt. Der Vorteil der letzteren Technik liegt in ihrer geringeren Leistungsaufnahme gegenüber den voher genannten Technologien. Der Nachteil der CMOS-Technik liegt aber bekanntlich in der relativ niedrigen Arbeitsfrequenz.

Hier liegt für den Entwickler von PLL-Schaltungen eine der Hauptentscheidung, wie er die Zählerorganisation aufbaut. Verwendet er für die programmierbaren Teiler CMOS-Bausteine, so benötigt er für die Erzeugung hoher VCO-Betriebsfrequenzen entweder große Vorteilerverhältnisse, oder er muß durch Einsatz von Mischstufen die niedrige Teilereingangsfrequenz erzeugen. Im Fall hoher fester Vorteilerverhältnisse und CMOS-Technik für den programmierbaren Teiler und kleiner geforderter Frequenzrasterabstände wird die Referenzfrequenz relativ niedrig liegen. Dieses führt ja bekanntlich zu kleinen Bandbreiten der PLL-Schleife infolge niedriger Grenzfrequenz des Schleifenfilters bei entsprechend großer Einschwingzeit. Man rechnet für die Einrastzeit einer PLL-Schleife als Überschlag etwa die *100-fache Periodenzeit* der Referenzfrequenz. Bei einer Referenzfrequenz von 1 kHz (T = 1 ms) wären das ca. 100 ms.

Im Grundlagenteil Abschnitt 2.1.1 der Synthesizer wurde u.a. für einen UKW-Empfänger ein programmierbarer Teiler von $494 < N < 593$ berechnet. Die Entwicklung der zukünftigen KW- und UKW-Empfänger geht dahin, diese mit einer zusätzlichen digitalen Frequenzanzeige (Kanalanzeige) zu versehen. Einige Firmen haben diese bereits im Programm. Obwohl die VCO-Frequenz, die ja um die ZF-Offset (bei UKW = 10,7 MHz) höher als die Empfangsfrequenz liegt, durch den einstellbaren Teiler auf die einzelnen zugeordneten Kanalfrequenzen + ZF-Offset einrastet, kann man es durch eine entsprechende Zählerorganisation erreichen, daß die eingegebene Kanalfrequenz als Empfangsfrequenz angezeigt wird.

Für diesen speziellen Zweck bieten verschiedene Halbleiterfirmen geeignete Lösungen an. Ein in diesem Sinne vielseitig einsetzbarer Teiler ist der in CMOS-Technik ausgeführte Baustein CD4059A der Firma RCA. In [21] ist für das o.g. Grundlagenbeispiel eine Applikationsnote herausgegeben. Bild 39 zeigt in Form eines Blockschaltbildes einen Ausschnitt aus dem Teil der Schaltung, die den Synthesizer mit dem programmierbaren Teiler enthält. Das Hauptproblem liegt hierbei in der Verarbeitung des Frequenzoffsets durch die Zähler. Der erforderliche Frequenzoffset wird hier durch Verwendung von 3 UND-ODER Gattern (CD4019), einem zweifachen D-Flipflop (CD4013) und einem NAND-Gatter (CD4011) erreicht.

Um die Arbeitsweise im Prinzip zu erklären, ist von der Zählerstruktur des Hauptzählers auszugehen. Dieser kann in verschiedene Grundteilerverhältnisse

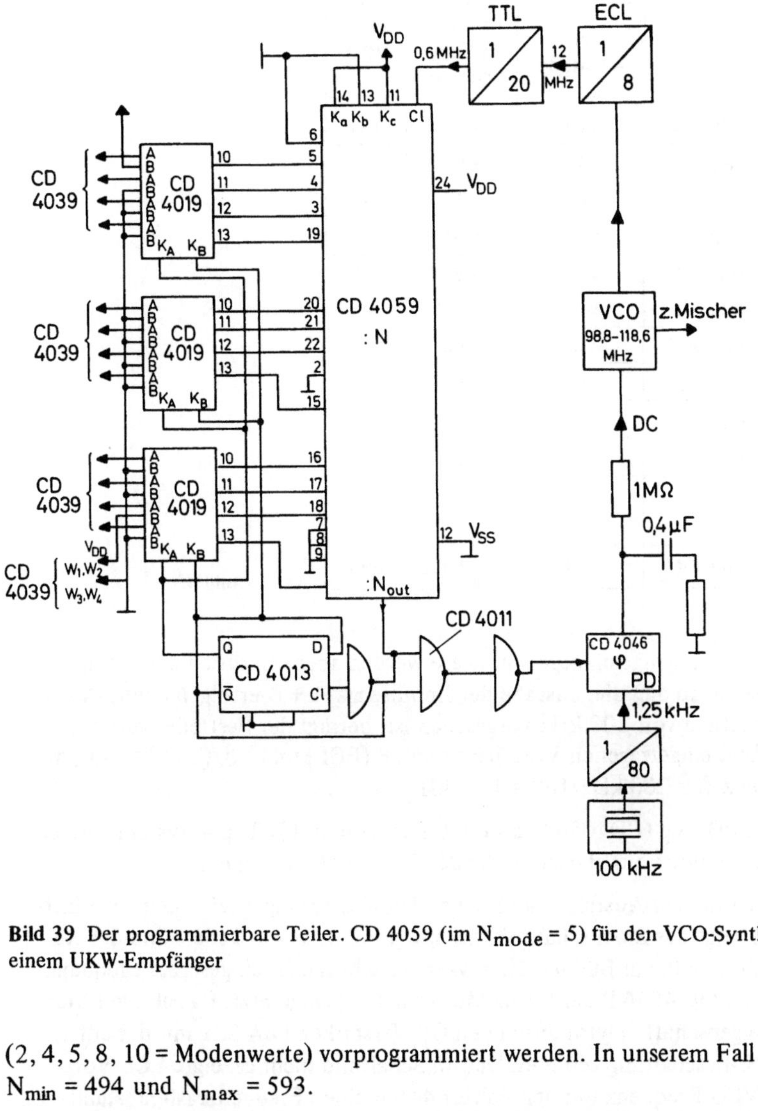

Bild 39 Der programmierbare Teiler. CD 4059 (im N_{mode} = 5) für den VCO-Synthesizer in einem UKW-Empfänger

(2, 4, 5, 8, 10 = Modenwerte) vorprogrammiert werden. In unserem Fall ist N_{min} = 494 und N_{max} = 593.

Es ist hier der Modenwert N_{mode} = 5 geschaltet. Wird nun die UKW-Anfangsfrequenz 88,1 MHz mit 088 + 0 = 440 Impulsen gezählt, so sind für die Oszillatorfrequenz (VCO) noch 54 Impulse hinzuzuaddieren. Diese stellen für die hier verwendete Zählerorganisation den konstanten Offset dar.

Die Tabelle in Bild 40 zeigt den Teilerplan. Die gedrückte Information (Eingangsfrequenz) setzt den Hauptzähler über die A-Eingänge (CD4019); die Offsetimpulse

Kanal-Frequenzen MHz	Eingabe Steuerteil	N ≙ 5 Mode	Feste Impulse (Offset)	N VCO =
88.1	088 + 0	440	+ 54	494
88.3	088 + 1	441	+ 54	495
88.5	088 + 2	442	+ 54	496
88.7	088 + 3	443	+ 54	497
88.9	088 + 4	444	+ 54	498
89.1	089 + 0	445	+ 54	499
89.3	089 + 1	446	+ 54	500
89.5	089 + 2	447	+ 54	501
89.7	089 + 3	448	+ 54	502
89.9	089 + 4	449	+ 54	503
⋮				
107.9	107 + 4	539	+ 54	593

Bild 40

werden über die B-Eingänge eingegeben. Diese werden aber erst durch das D-Flip-Flop auf H gesetzt, so daß die Ausgabe der Impulse als A + B erfolgen kann. Da hier ein Kanalabstand von 200 kHz vorgesehen ist, beträgt der Festteilerwert auf Grund der im Bild eingetragenen Vorteilerwerte : 8 (ECL) und : 20 (TTL) = 160, die Referenzfrequenz f_r = 200 kHz/160 = 1,25 kHz.

Der verwendete PD-Typ (CD4056A) arbeitet hier auch als PD-Typ 4 System; dieser Komparator rastet *nicht* auf Harmonische der Referenzfrequenz ein.

Eine weitere Synthesizer-Ausführung für einen UKW-Empfänger (eine deutsche Entwicklung [24]) zeigt das Blockschaltbild des programmierbaren Teilers und der Referenzquelle mit dem PD in Bild 41. Hier wird der sehr häufig eingesetzte Frequenz-Phasenvergleicher MC 4044 P der Firma Motorola [17] eingesetzt. Das aktive Filter mit Integratoreigenschaften wird durch den OP-Verstärker TBA 221 mit der entsprechenden RC-Beschaltung gebildet. Der im Schaltbild nicht gezeigte ECL-Vorteiler teilt die VCO-Frequenz um den Faktor 4. Für einen Frequenzrasterabstand von 100 kHz ergibt sich damit eine Referenzfrequenz von 25 kHz. Auch hier muß der angezeigte Kanal-Frequenzwert in die zugehörige VCO (Mischoszillator)-Frequenz umgesetzt werden.

Für den Hauptteiler ergeben sich mit dem VCO-Frequenzbereich Werte von 98,2÷114,7 MHz unter Einbeziehung der Referenzfrequenz und des oben genannten Vorteilers 4 : 1 N_{max} = 1147 und N_{min} = 982.

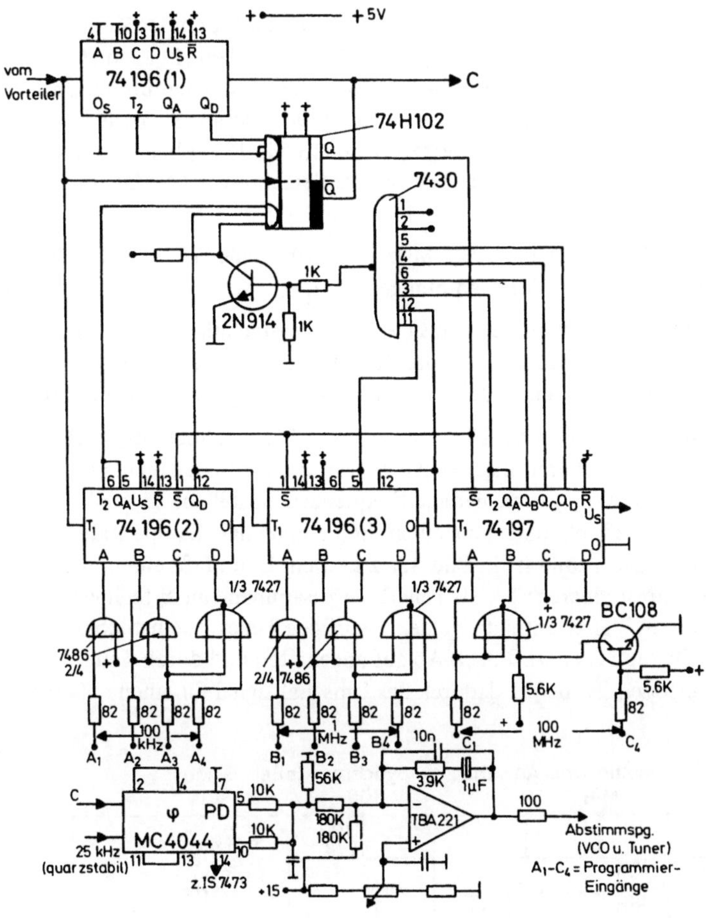

Bild 41 Der programmierbare Frequenzteiler mit PD-System

Der Teiler soll aber direkt mit den Teilerwerten N der Empfangsfrequenz (87,5÷104 MHz) = 875 und 1040 programmiert werden.

Die Gatterschaltungen vor den Setzeingängen der Dekadenzähler (74196) bewirken, daß diese auf das Neunerkomplement der eingegebenen Zahlen vorgesetzt werden. Mit dem 4-Bit-Binärzähler (74197) – dieser wird mit dem 14er-Komplement der an C1/C4 programmierten Zahl geladen – sind nur 3 Ziffern-Schaltungen erforderlich. Die Zahl 0 in der 10 MHz-Stelle bedeutet 100 MHz. Nach 981 Taktimpulsen stehen die beiden Dezimalzähler auf 9 und der 4-Bitzähler (Hexadezimalzähler) auf

15. Hierdurch geht der Ausgang des NAND-Gatters (7430) auf L und der Kollektor vom Transistor 2N 914 auf H. Da die Ausgänge Q_A, Q_D von 74196 (2) auch H führen, wird der K-Eingang des Flip-Flops (74 H 102) freigegeben. Hierdurch kippt es beim 982. Takt in seine Arbeitslage $\bar{Q}$ = L. Die IS 74196 (2) und (3) sowie IS 74197 werden wieder auf ihre Anfangswerte gesetzt. IS 74196 (1) benötigt noch 5 weitere Impulse, bis es die 9 erreicht, da es durch die Setzeingänge (A–D) auf die Zahl 4 vorgesetzt wurde.

Für N = 988 beträgt die VCO-Frequenz 98,8 MHz, womit bei einer ZF von 10,7 MHz die eingestellte Frequenz von 88,1 MHz empfangen wird.

Nach diesen beiden Anwendungsbeispielen aus der Empfangstechnik soll wieder eine Synthesizerschaltung vorgestellt werden, die die Kanalfrequenzaufbereitung für das sog. Citizenband (27 MHz), oder auch „Jedermann-Funkband" genannt, vornimmt.

Unter der Bezeichnung S187 bietet die Firma *Siemens* [32] einen hochintegrierten MOS-Baustein für Frequenzaufbereitungszwecke an. Mit diesem Bauelement lassen sich nicht weniger als 500 000 (!) verschiedene Frequenzen einstellen; er ist allein für 8 verschiedene Referenzfrequenzen einstellbar. Seine maximale Zählperiode beträgt 6,4 MHz. Ein Blockschaltbild ist in Bild 42a zu sehen. Er umfaßt einen 8-stufigen Teiler und einen umstellbaren: 8/: 10-Teiler, die zusammen eine 8-fach variable Referenzfrequenz liefern. Weiter enthält er einen 7-stufigen Teiler A, einstellbar zwischen: 1–: 127. Dieser Teiler wird nach Ablauf angehalten und durch Teiler B rückgesetzt und angestoßen. Er liefert dadurch das Umschaltsignal für einen äußeren

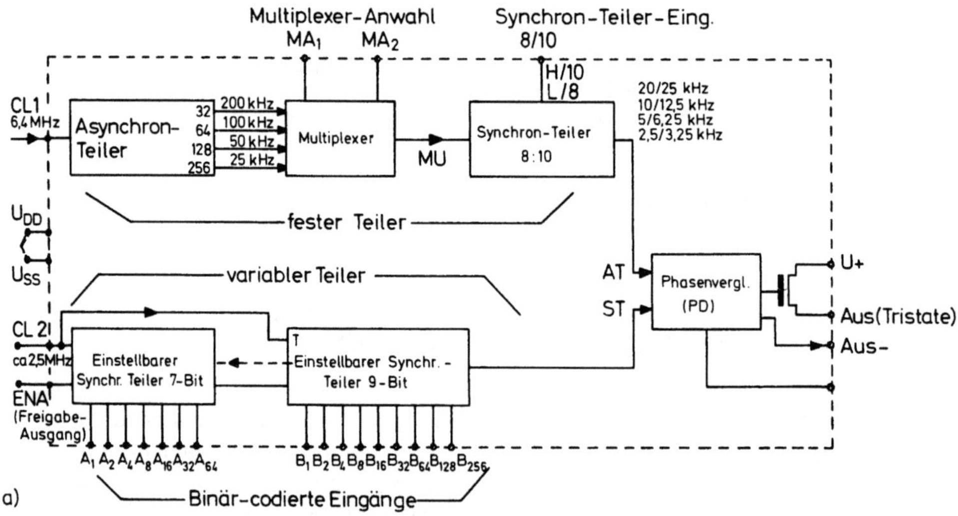

Bild 42a Blockschaltbild des digitalen Frequenzaufbereitungsbausteins S187

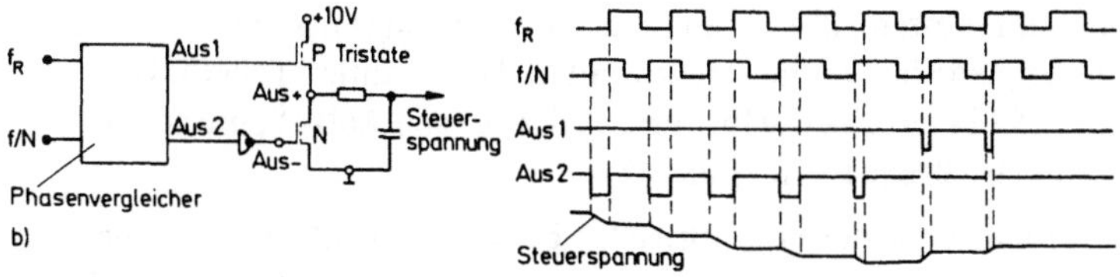

Bild 42b Funktionsweise des PD im S 187

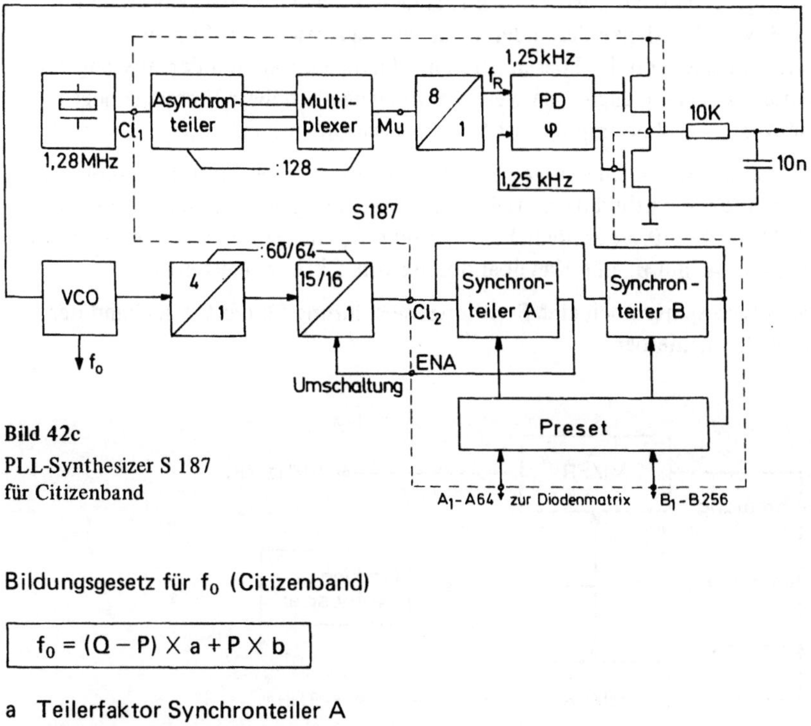

Bild 42c
PLL-Synthesizer S 187
für Citizenband

Bildungsgesetz für f_0 (Citizenband)

$f_0 = (Q - P) \times a + P \times b$

a Teilerfaktor Synchronteiler A
b Teilerfaktor Synchronteiler B
P Teilerverhältnis 60 } Vorteiler
Q Teilerverhältnis 64 }

Eingesetzt:

$f_0 = (4a + 60b) \times 1{,}25$ (kHz)

Beispiel: a = 15, b = 353, f_0 = 26 550 kHz

Eine Erhöhung von a um 1 bewirkt eine Frequenzerhöhung von 4 × 1,25 = 5 kHz, bei b eine um 75 kHz

z.B. 10/11 Vorteiler, mit dessen Hilfe eine noniusartige Teilung entsteht. Hierdurch kann die Vergleichsfrequenz höher eingestellt werden. Der 9-stufige Teiler B (einstellbar zwischen 2– : 512) setzt sich selbst und Teiler A nach Ablauf zurück. Er liefert die geteilte Ausgangsfrequenz für den PD.

In Bild 42b ist die Arbeitsweise des PD dargestellt. Er ist digital aufgebaut; seine Ausgänge sind „Aus+" und „Aus–". Übergänge zwischen beiden Zuständen werden durch positive Taktflanken an den beiden internen Eingängen des PD hervorgerufen. Bei einer Phasendifferenz zwischen den beiden Eingangstakten wird also nur jeweils einer der Ausgänge von der positiven Taktflanke des einen Eingangs eingeschaltet; von der positiven Taktflanke des anderen Eingangs ausgeschaltet. Es resultieren Impulse, deren Dauer von der Phasendifferenz abhängen, während der Ausgang, an dem Impulse erscheinen, angibt, an welchem Eingang die höhere Frequenz liegt. Sind beide Ausgänge ohne Impulse, ist Synchronisation vorhanden.

In Bild 42c ist mit diesem vielseitigen Baustein ein Synthesizer für das Citizenband (27 MHz) als Blockschaltbild dargestellt. Die Verwendung des umschaltbaren Vorteilers (15/16) X 4 = 60/64 ermöglicht, in Verbindung mit den im S187 integrierten Synchronteilern A und B, eine Kanalbandbreite von 5 kHz einzustellen.

Wir werden etwas später noch eine Synthesizerausführung für das Citizenband der Fa. Motorola kennenlernen.

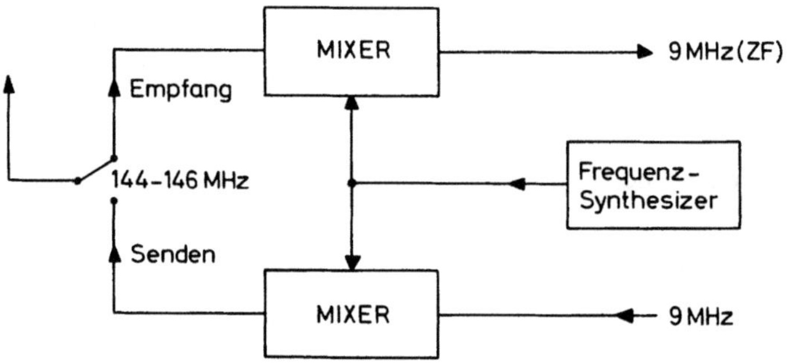

Bild 43 Blockschaltbild für Frequenzsynthesizer 144–146 MHz (200 Kanäle)

Ein weiteres praktisches Beispiel eines Frequenz-Synthesizers für das Amateur-Frequenzband von 144÷166 MHz (200 Kanäle) soll in einem Schaltungsvorschlag der Firma Motorola vorgestellt werden [16].

Das Bild 43 zeigt den Prinzipaufbau und Bild 44 das eigentliche Blockschaltbild.

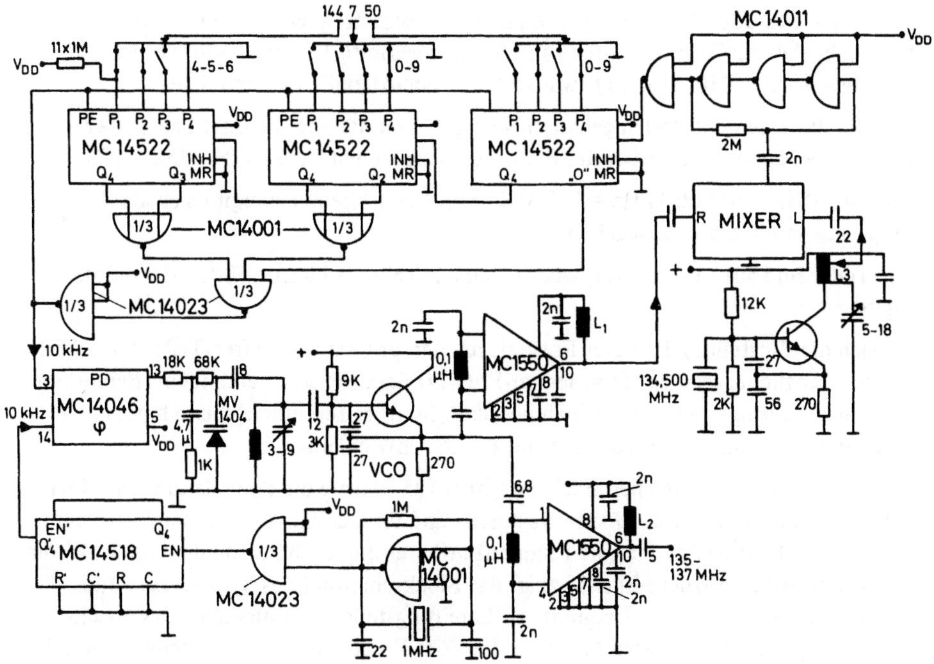

Bild 44 Frequenzsynthesizer für 144–146 MHz

Die technischen Spezifikationen für den Synthesizer sind:

Ausgangsfrequenz 135÷137 MHz, Kanalabstand 10 kHz. Die Schaltung besteht aus:
3 MC 14522 (programmierbare Teiler)
1 MC 14046 als PD
1 Brücken- oder Gegentaktmischer
1 MC 14518 Teiler (2fach BCD-Vorwärtszähler)
2 Transistoren 2 N 918 für den VCO und den Quarzoszillator
2 MC 1550 G als Trennverstärker sowie NOR- und NAND-Glieder

Funktionsweise:

Der Synthesizer wird durch die Vorwahl-Codierschalter gesteuert. Soll z.B. auf die Frequenz 144,75 MHz = 144 750 kHz gesetzt werden, so werden die 3 Teiler auf 4 (x1 MHz), 7 (x100 kHz) und 5 (x10 kHz) vorgesetzt, da sie direkt mit den BCD-Schaltern verbunden sind. Bei diesem Setzen erzeugt der Synthesizer eine Frequenz von 144 750 – 9000 = 135 750 kHz = 135,75 MHz. Da keine Vorteiler verwendet werden, ergibt sich als Teilungsfaktor:

$$\frac{\text{Synthesizerfrequenz} - \text{Quarzfrequenz}}{\text{Rasterabstand}} = \frac{(135\,750 - 134\,500)\ \text{kHz}}{10\ \text{kHz}} = 125.$$

Für f_{out} = 146 000 kHz ist die maximale Synthesizerfrequenz 137 000 kHz; hieraus ergibt sich ein Teilungsfaktor von 250. Der gesamte Teilungsfaktor variiert zwischen 50 und 250, um das gewünschte Frequenzband zu überstreichen.

Werden die Teiler auf 350 angehalten, so ergibt sich die Teilung direkt als Differenz der eingegebenen Frequenzwerte. Für unser Beispiel heißt das: 475 – 350 = 125.

Für 146 MHz = 146 000 kHz = 137 MHz Synthesizerfrequenz ergibt sich als Teilungsfaktor, wie schon angegeben = 250.

Die Teiler sind auf 600 gesetzt, womit sich das Teilerverhältnis 600 – 350 = 250 ergibt.

Da sich die Einstellung in dieser Form durch den programmierbaren Teiler MC 14 522 leicht ermöglicht, wird der Synthesizer-Entwurf dadurch sehr vereinfacht. Bemerkenswert ist die geringe Leistungsaufnahme dieser Synthesizereinheit, die sich bei einer Versorgungsspannung von 10 V auf nur ca. 260 mW beläuft.

In einer bekannten deutschen Fachzeitschrift [25] wurde die Bauanleitung für einen 80-Kanal-Synthesizer mit 25 kHz Rasterabstand für das 2m-Amateurband veröffentlicht. Der Schaltungsteil, der die Frequenzaufbereitung enthält, soll der von Motorola gegenübergestellt werden. Bild 45 zeigt das Blockschaltbild des Synthesizers und Bild 46 das Schaltbild des Frequenz-Aufbereitungsteilers. Da hier auch das Mischprinzip angewandt wird, ergibt sich für die VCO-Frequenz im eingerasteten Zustand:

$$f_{VCO} = f_{RM} + N \cdot f_r. \qquad (74)$$

Der Vorteil des Mischprinzips liegt ja wegen der resultierenden höheren Referenzfrequenz (= Rasterfrequenz) in der größeren Schleifenbandbreite. Da hier ebenfalls

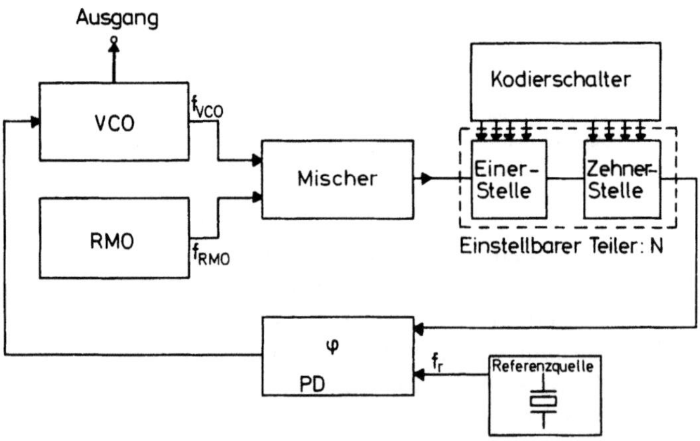

Bild 45 Blockschaltbild für 80-Kanal-Synthesizer

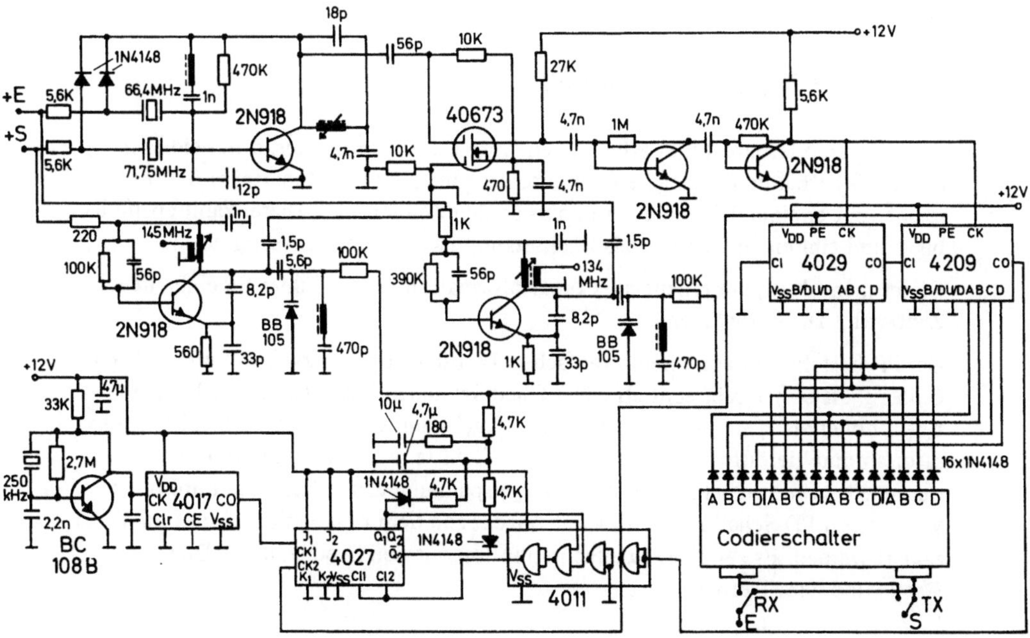

Bild 46 Schaltbild der Frequenzaufbereitung

die CMOS-Technik (RCA-Bausteine) verwendet worden ist, muß die Rückmischfrequenz hoch liegen. Da der VCO im Betrieb *Senden* direkt die Ausgangsfrequenz im 25-kHz-Raster zwischen 144 und 146 MHz liefert, was ja der gesamten Kanalbandbreite von 80 · 25 kHz = 2 MHz entspricht und der Rückmischoszillator auf 143,5 MHz schwingt, ergibt sich als Differenzfrequenz im Minimum 0,5 MHz (144 – 143,5 MHz) und im Maximum 2,5 MHz (146 – 143,5 MHz). Im Empfangsfall liegen der zugehörige VCO und der entsprechende Rückmischoszillator um den ZF-Offset = 10,7 MHz niedriger; es ergibt sich aber der gleiche Rückmischfrequenzbereich wie im Sendefall. Das bedeutet, daß der programmierbare Teiler für beide Betriebsfälle das gleiche Teilerverhältnis aufweist. Die Rückmischfrequenz des Oszillators für den Empfangsfall liegt bei 132,8 MHz. Beide Oszillatoren sind quarzstabilisiert, mittels der zweiten Harmonischen ihrer Grundwellenquarzschwingung.

Auf Grund des Mischprinzips ist der Kanalabstand gleich der Referenzfrequenz. Für die obigen Differenzfrequenzen ergeben sich als Teilerverhältnisse:

$$N_{max} = \frac{2500\ \text{kHz}}{25\ \text{kHz}} = 100\ (\text{Kanal } 99)$$

und

$$N_{min} = \frac{0{,}5\ \text{kHz}}{25\ \text{kHz}} = 20\ (\text{Kanal } 20)$$

Der programmierbare Teiler arbeitet synchron als Abwärtszähler, d.h. beide Eingänge (Ck) erhalten die gleiche Rückmischfrequenz. Hat der Einerteiler die 0 erreicht, gibt er einen Übertragungsimpuls an den Zehnerteiler. Dieser zählt ebenfalls bis 0 und gibt einen Übertrag als Rücksetzimpuls über einen Inverter ab.

Dieser dient dazu, um erneut die Codierinformation in den Zähler für einen neuen Zählzyklus zu übernehmen.

Der PD besteht hier aus einem zweifachen JK-Flip-Flop und zwei weiteren NAND-Gattern, die sich vereinfacht als UND-Glied darstellen lassen (Bild 47). Ist hier f_{Teiler} höher als f_r, nimmt die integrierte Regelspannung an dem Tiefpaßkondensator ab und hierdurch verringert sich die VCO-Frequenz; im umgekehrten Fall nimmt sie zu. Im Synchronfall ist die Regelspannung gleich Null. Die Funktionsweise dieser PD-Schaltung in diesem Konzept soll dem Leser anhand von Bild 47 erklärt werden. Es zeigt das zweifache Flipflop mit den Dioden, dem UND-Gatter und dem Tiefpaß.

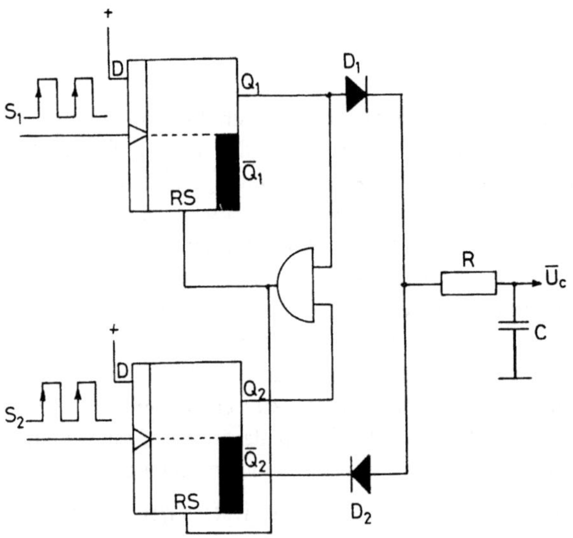

Bild 47 Frequenz-Phasen-Diskriminator mit Speicherkondensator und den Dioden D_1 und D_2 (Ladung oder Entladung)

Angenommen wird hier, daß das Flipflop durch positive Flanken gesetzt wird. Nehmen wir weiter an, das Referenz-Rechtecksignal S_1 sei in der Frequenz höher als S_2 (Teilerfrequenz); hierdurch wird Q_1 auf die positive Betriebsspannung geschaltet. Dieser Zustand dauert unverändert an bis zur positiven Flanke von S_2. Jetzt liegen beide Eingänge des UND-Gatters auf H, wodurch auch der Ausgang des Gatters H Betriebsspannungspotential hat. Diese setzt die $Q_{1,2}$-Ausgänge wieder auf L. Da während der Zeit bis zum Schalten von Q_2 Strom durch D_1 über R in C fließen kann, wird dieser allmählich aufgeladen. Die dadurch ansteigende Spannung führt, wie oben ausgeführt, zu einer Frequenzerhöhung des VCO. Bei diesem Prozeß liegt ja Q_2 fast ständig auf L und $\overline{Q}_2$ auf H. Dadurch bleibt D_2 gesperrt und C kann sich nicht entladen.

Die Erhöhung von S_2 führt schließlich dazu, daß S_1 in der Frequenz überlaufen wird. In diesem Fall kehrt sich der Vorgang um. $\overline{Q}_2$ pulst jetzt nach dem *Null*-Potential. Hierdurch kann sich C über R und der Diode D_2 entladen. Eine Verringerung von $\overline{U}_c$ bedeutet ja ein Abnehmen der VCO-Frequenz. Auf diese Weise läßt sich eine sehr gute Nachlaufsteuerung bewirken.

Der Vollständigkeit halber soll noch auf die TTL-Version eines Synthesizers für das 2m-Band hingewiesen werden.

In [11] wird ein Synthesizer als VFO, der ebenfalls 80 Kanäle im 25-kHz-Raster erzeugt, beschrieben. Das Schaltbild dieses Synthesizers zeigt Bild 48. Diese Schaltung arbeitet mit zwei festen Vorteilern (: 2) : 2)), wodurch sich als Referenzfrequenz ergibt:

$$f_r = \frac{25\ \text{kHz}}{4} = 6{,}25\ \text{kHz}.$$

Der Ausgangsfrequenzbereich erstreckt sich von 18,500 – 20,475 MHz. Als Teilerverhältnisse ergeben sich in der bekannten Weise:

$$N_{max} = \frac{20\,475\ \text{kHz}}{4 \cdot 6{,}25\ \text{kHz}} = 819$$

und

$$N_{min} = \frac{18\,500\ \text{kHz}}{4 \cdot 6{,}25\ \text{kHz}} = 740.$$

Als programmierbarer Teiler wird ein dreistelliger Dekadenzähler verwendet. Die Zählerschaltung ist aus dem Schaltbild zu verfolgen. Als PD-Typ wird wieder der bekannte MC 4044 P der Firma Motorola eingesetzt. Die Berechnung des aktiven Schleifenfilters kann nach Abschnitt 1.5 erfolgen.

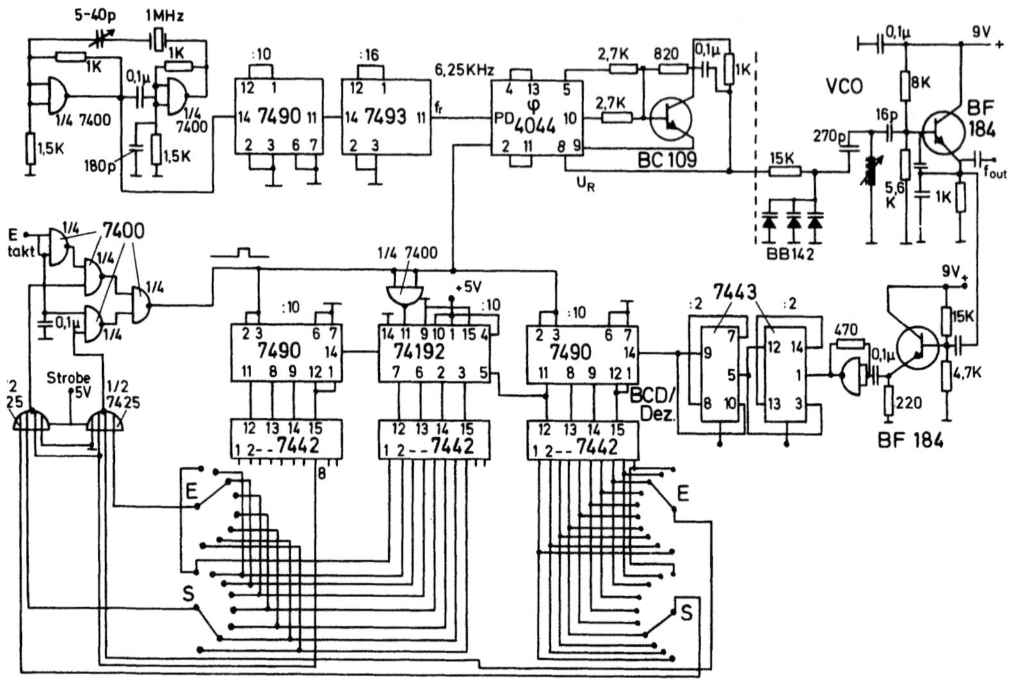

Bild 48 80-Kanal-Synthesizer

Ein weiteres Beispiel für die Schaltung eines Synthesizers, der in einem sog. *Jedermann-Funkgerät* (Typ MOCAT) im 27-MHz-Band (Citizen-Band) der Firma Motorola [15] verwendet wird, soll dem Leser, wie schon angekündigt, vorgestellt werden.

Der Synthesizer-Teil als Blockdiagramm ist in Bild 49 dargestellt. Dieser ist für 23 Kanäle (Kanalraster = 10 kHz) und einem ZF-Offset = 455 kHz ausgelegt. Der Frequenzbereich erstreckt sich von 26 965 MHz (Kanal 1) bis 27 255 MHz (Kanal 23). Da auch bei dieser Konzeption die Teilerfrequenz über eine Mischstufe erzeugt wird, sind zwei um die ZF versetzte Oszillatoren erforderlich.

Die Frequenz des Sender-Mischoszillators liegt bei 29 485 MHz und die des Empfangs-Mischoszillators bei 29 030 MHz; beide Oszillatoren sind quarzstabilisiert.

Die Rückmischfrequenzen ergeben sich aus den obigen Kanalangaben wie folgt:

$$(29\,485 - 26\,965)\ \text{kHz} = 2520\ \text{kHz}$$

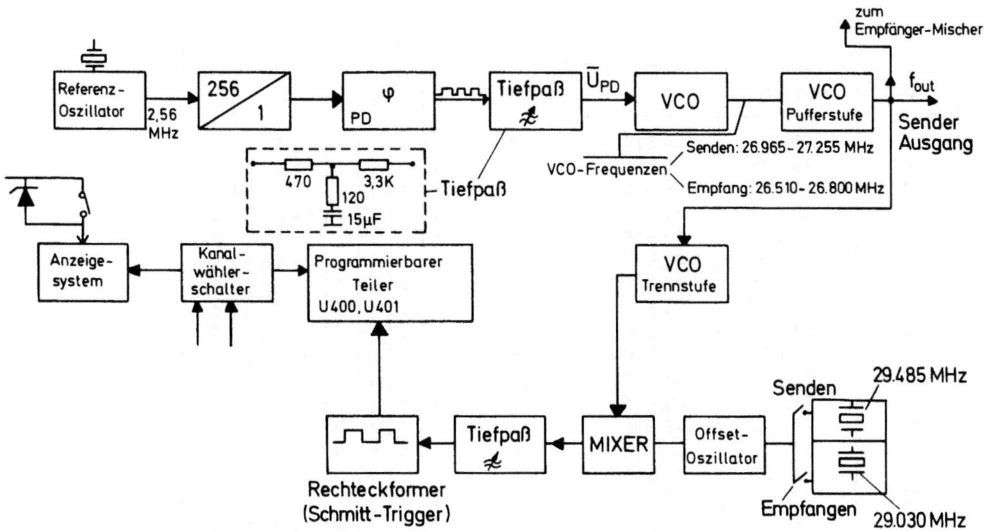

Bild 49 Blockschaltbild eines 27 MHz-Synthesizers für Typ MOCAT

und

$$(29\,485 - 27\,255)\ \text{kHz} = 2230\ \text{kHz}.$$

Da ein Rasterabstand von 10 kHz = f_r vorgesehen ist, ergeben sich damit als Teiler-eingangs-Frequenzen 2,52 MHz als f_{max} und 2,23 MHz = f_{min}. Diese Zählfrequenzen erlauben den Einsatz von energiesparenden CMOS-Zählerbausteinen.

In der Tafel (Bild 50) sind die Kanäle mit ihren Frequenzangaben und zugehörigen programmierten Teilerwerten dekadisch und binär dargestellt.

Für N ergeben sich aus den Teilerfrequenzen, auf die Referenzfrequenz f_r = 10 kHz bezogen, die Werte 252 – 223.

Am Beispiel der Kanal-Nr. 12 soll der Sende-/Empfangsfall erklärt werden.

Im Fall *Senden* wird die VCO-Ausgangsfrequenz gebildet aus:

$$f_{VCO} = f_{RM} - N f_r \tag{75}$$

f_{RM} = 29 485 MHz, N = 238 ergibt als VCO-Frequenz:

$$f_{VCO} = (29\,485 - 2380)\ \text{kHz} = 27{,}105\ \text{MHz}.$$

Kanal	Xmtr Freq.(MHz)	Rcvr Freq. (MHz)	Teiler	Binär-Zahlen							
				2^7	2^6	2^5	2^4	2^3	2^2	2^1	2^0
1	26.965	26.510	252	1	1	1	1	1	1	0	0
2	26.975	26.520	251	1	1	1	1	1	0	1	1
3	26.985	26.530	250	1	1	1	1	1	0	1	0
4	27.005	26.550	248	1	1	1	1	1	0	0	0
5	27.015	26.560	247	1	1	1	1	0	1	1	1
6	27.025	26.570	246	1	1	1	1	0	1	1	0
7	27.035	26.580	245	1	1	1	1	0	1	0	1
8	27.055	26.600	243	1	1	1	1	0	0	1	1
9	27.065	26.610	242	1	1	1	1	0	0	1	0
10	27.075	26.620	241	1	1	1	1	0	0	0	1
11	27.085	26.630	240	1	1	1	1	0	0	0	0
12	27.105	26.650	238	1	1	1	0	1	1	1	0
13	27.115	26.660	237	1	1	1	0	1	1	0	1
14	27.125	26.670	236	1	1	1	0	1	1	0	0
15	27.135	26.680	235	1	1	1	0	1	0	1	1
16	27.155	26.700	233	1	1	1	0	1	0	0	1
17	27.165	26.710	232	1	1	1	0	1	0	0	0
18	27.175	26.720	231	1	1	1	0	0	1	1	1
19	27.185	26.730	230	1	1	1	0	0	1	1	0
20	27.205	26.750	228	1	1	1	0	0	1	0	0
21	27.215	26.760	227	1	1	1	0	0	0	1	1
22	27.225	26.770	226	1	1	1	0	0	0	1	0
23	27.255	26.800	223	1	1	0	1	1	1	1	1

Bild 50 Kanal-Frequenzen mit zugehörigen Teilerwerten (Binärzahlen)

Im Fall *Empfangen* schaltet der Rückmisch-Oszillator auf f_{RM} = 29 030 MHz um, wobei sich der VCO in der Frequenz einstellt auf:

$$f_{VCO} = (29\,030 - 2380)\ \text{kHz} = 26{,}650\ \text{MHz}.$$

Die empfangende Sendefrequenz (27,105 MHz) wird damit auf die gewünschte ZF-Frequenz von 455 kHz in der Mischstufe umgesetzt. Auch hier bleibt das Rückmischverhältnis zwischen *Senden* und *Empfangen* gleich groß, womit das Teilerverhältnis in beiden Fällen unverändert bleibt.

Verfolgen wir aber einmal den Umschaltvorgang vom Empfangsfall (Kanal 12) auf *Senden*: Im ersten Moment steht der VCO noch auf 26,650 MHz , wodurch sich als Differenzfrequenz mit dem umgeschalteten Rückmischoszillator (Senden) von 29,485 MHz ergibt:

$$29{,}485\ \text{MHz} - 26{,}650\ \text{MHz} = 2835\ \text{kHz}.$$

Wird diese durch N = 238 dividiert, so wird die Vergleichsfrequenz am PD:

$$f_{VCO/N} = 11{,}91\ \text{kHz}.$$

Dieser Wert ist gegenüber f_r = 10 kHz zu hoch. In diesem Fall beginnt der PD in positiver Richtung zu pulsen und erzeugt über sein aktives Filter durch die Regelspannung eine Frequenzerhöhung des VCO. Dieser Nachsteuervorgang wird solange andauern, bis die Kanal-Sollfrequenz von 27 105 MHz erreicht ist. Jetzt stimmen $f_{VCO/N}$ mit f_r = 10 kHz überein.

Der programmierbare Teiler ist ein achtstufiger Binärzähler, der aus den 2 Bausteinen U 400 und U 401 besteht. Im Teiler U 400 sind die 4 Binärstellen $2^0, 2^1, 2^2, 2^3$ programmiert; in Teiler U 401 die Werte 2^4 und 2^5. Die vorderen 2^6 und 2^7 sind auf H-Potential festverdrahtet. Am Beispiel für Kanal 12 ist die Wirkungsweise der Zähler anhand der Schalterstellungen aus Bild 51 zu erkennen.

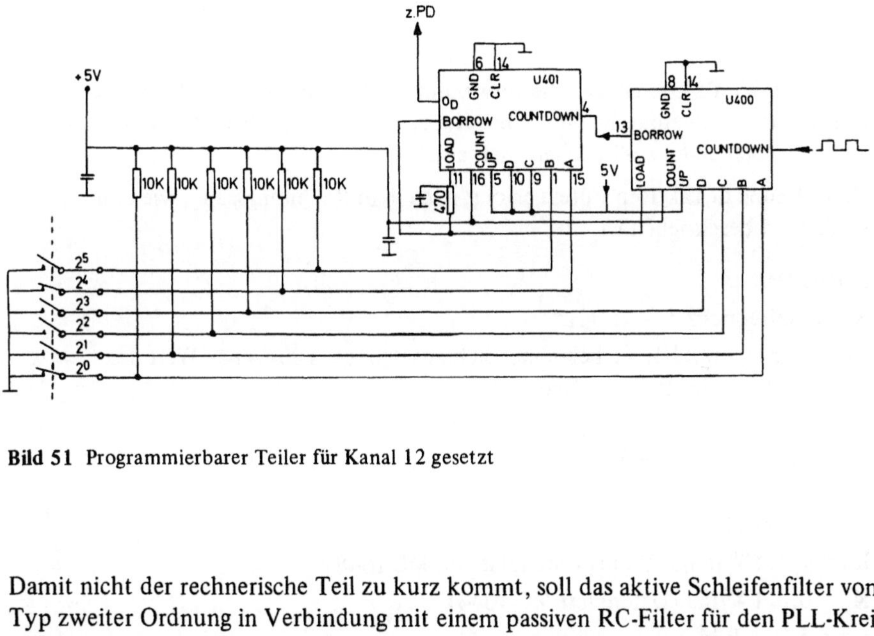

Bild 51 Programmierbarer Teiler für Kanal 12 gesetzt

Damit nicht der rechnerische Teil zu kurz kommt, soll das aktive Schleifenfilter vom Typ zweiter Ordnung in Verbindung mit einem passiven RC-Filter für den PLL-Kreis eines Synthesizers, der in einer sog. ADF-Anlage (Automatic Direction-Finder equipment) [23] eingesetzt wird, berechnet werden. Die Referenzfrequenz beträgt hier 250 Hz und das maximale Teilerverhältnis

$$N_{max} = \frac{1699\ \text{kHz} + 10{,}7\ \text{MHz}}{250\ \text{Hz}} = 4{,}95 \cdot 10^4.$$

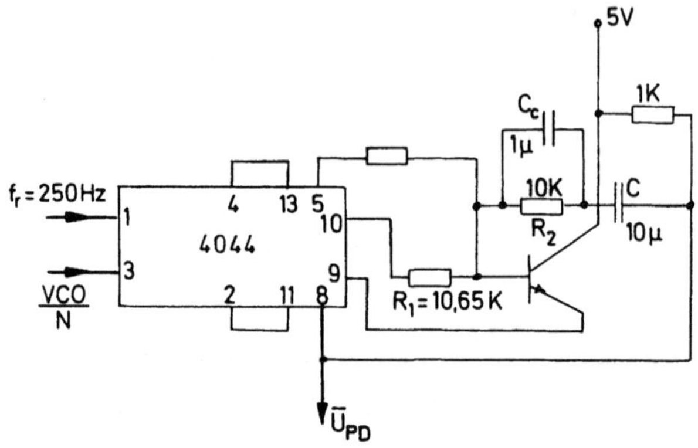

Bild 52 Aktives PLL-Filter für ADF-Anlage mit zusätzlichem Tiefpaßkondensator C_C

Bild 52 zeigt den PLL-Kreis und die verwendete Filterschaltung. Hierbei ist der Widerstand R_2 noch zusätzlich mit einer Kapazität C_c überbrückt. Diese Anordnung bildet noch einen zusätzlichen Tiefpaß.

Die Berechnung des aktiven Filters erfolgt nach dem Rechnungsgang, wie er unter Abschnitt 1.5 beschrieben ist.

Gegebene Daten:

1. Referenzfrequenz f_r = 250 Hz
2. t = 450 ms (gewählt); sie berechnet sich aus dem ca. 100-fachen Wert der Periodendauer der Referenzfrequenz

$$T = \frac{1}{f_r} = \frac{1 \cdot 10^3}{250} = 4 \text{ ms}$$

3. $\xi = 0{,}5$ (gewählt)
4. $K_v = 9{,}5 \cdot 10^6$ rad/s · V (aus Datenblatt für MC 1648)
5. $K_p = 0{,}111$ V/rad (Datenblatt MC 4044)
6. x = 4,5 (aus Bild 28)
7. $N_{max} = 4{,}95 \cdot 10^4$

Rechnungsgang:

$$\omega_N = \frac{x}{t} = \frac{4{,}5}{450 \text{ ms}} = 10 \text{ rad/s.}$$

Mit $C = 10\,\mu F$ in Gl. (63) eingesetzt – $10\,\mu F$ als Wert angenommen – und nach R_1 aufgelöst:

$$R_1 = 10{,}65\ k$$

$$R_2 = \frac{2\xi}{C \cdot N} \text{ (ergibt sich aus Gl. (64) mit } R_1 \text{ aus Gl. (63))}$$

$$R_2 = 10\ k.$$

Die 3-dB-Bandbreite ergibt sich aus Gl. (66):

$$\omega_{N-3\,dB} \sim \omega_N \cdot 1{,}7 \sim 10 \cdot 1{,}7 = 17\ Hz$$

$$f_{-3\,dB} \sim 3\ Hz.$$

Die Berechnung des Kapazitätswertes C_c erfolgt aus der Wahl der Grenzfrequenz. Diese legt man ca. 10 mal so hoch wie ω_N [1]. In unserem Beispiel wird $\omega_c \cong 100$ rad/s. Aus

$$\omega_C = \frac{1}{R_2 C_c} \qquad (76)$$

ergibt nach C_c aufgelöst:

$$C_c = \frac{1}{R_2 \omega_C} = \frac{10^6}{10^4 \cdot 10^2} = 1\ \mu F.$$

Spektrale Reinheit: Für eine hohe spektrale Reinheit der Ausgangsfrequenzen des Synthesizers ist eine möglichst rauscharme Referenzquelle Voraussetzung; quarzstabile Generatoren sind hier angebracht. Natürlich können die Phasenschwankungen des Synthesizers nie kleiner sein als die des freischwingenden Oszillators.

Dagegen kann das Rauschspektrum eines freischwingenden Oszillators durch Synchronisation erheblich verringert werden; das zeigt ja das Bild 30. Von dieser Tatsache wird vor allem bei der Synchronisation von Mikrowellen-Oszillatoren Gebrauch gemacht. Diese haben auf Grund ihrer physikalischen Eigenschaften einen relativ großen Eigenstörhub. Noch eine Bemerkung zur Modulation: das VCO-Signal soll ja in bestimmten Fällen auch eine Nachricht enthalten.

Bei der indirekten Synthese ist das problematischer als bei der direkten Synthese. Da eine Phasenregelung zunächst das Bestreben hat, die Frequenz konstant zu halten, wird sie versuchen, die auf den Oszillator gegebene Frequenzmodulation auszuregeln. Um das zu verhindern, muß die Schleife selbst moduliert werden, was durch Modulation der Referenzfrequenz oder der Mischfrequenz erreicht wird.

---

[1]) Zwecks Vermeidung zusätzlicher Überschwingungen

Da bei unserem Zahlenbeispiel in Abschnitt 1.5 die 3-dB-Grenzfrequenz bei 1,43 kHz liegt, werden Sprachsignale, die unter diesen Wert begrenzt werden müssen, noch durchgelassen, was für eine ausreichende Verständigung genügt. In bezug auf AM-Modulation ist das Analyse-Verfahren sehr ungünstig, da die Regelung nur FM übertragen kann. Im nächsten Abschnitt werden wir uns unter anderem mit der Demodulation von AM- und FM-Signalen mittels der PLL-Technik befassen und hier bemerkenswerte Ergebnisse erhalten.

Bei der FM-Modulation kann man auch die Tatsache ausnutzen, daß bei direkter Modulation des VCO der nachgeschaltete Teiler den Modulationsindex reduziert. Der Phasenwinkelhub η_f nimmt mit der Teilung entsprechend η_f/N ab.

Bei großen Teilerverhältnissen erhält der PD kaum noch ein moduliertes Signal, so daß der Synchronismus nicht gestört wird. Wenn das Filter eine niedrige Eigenfrequenz hat, wird nur der Mittelwert der Frequenz beeinflußt, aber nicht die Modulation.

Nachdem die Phasenvergleicher, die Teiler und das Schleifenfilter ziemlich ausführlich behandelt worden sind, soll noch kurz auf den VCO eingegangen werden.

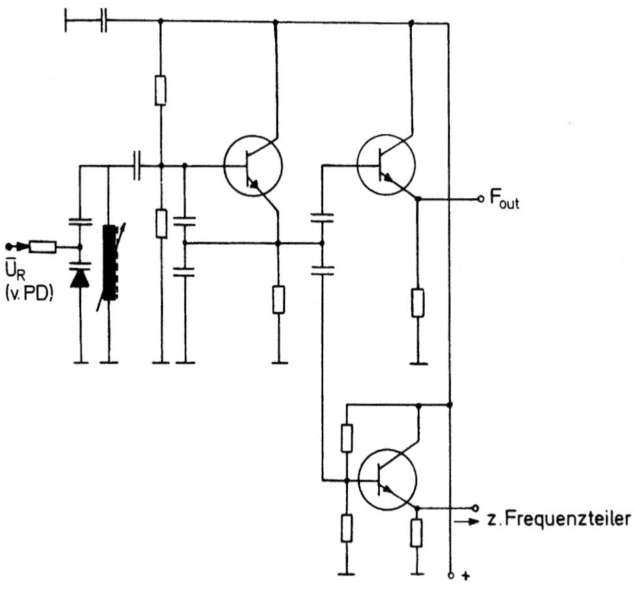

Bild 53 LC-Oszillator mit Kapazitätsdichte

Bild 53 zeigt ihn in der Ausführung als LC-Oszillator mit Kapazitätsdioden-Abstimmung. Für den VCO gilt allgemein zu fordern:

- lineare Abhängigkeit von der Regelcharakteristik,
- hohe eigene Frequenzstabilität,
- hohe Regelsteilheit (K_V-Wert),
- als freischwingender Sinus-Generator soll er einen Schwingkreis hoher Güte besitzen, was zu einem geringen Phasenrauschen (engl. *phase jitter = Phasenzittern*) führt.

Neben den LC-Generatoren werden als VCO Multivibratoren verwendet, die rechteckförmige Ausgangsspannungen liefern. Für ein hohes Signal-/Rauschverhältnis sind sie weniger gut geeignet; ihre Durchstimmbarkeit liegt aber wesentlich höher als die der LC-Oszillatoren. Der in unserem Beispiel (Abschnitt 1.5) verwendete Multivibrator *MC4024* von Motorola läßt sich nach eigenen Messungen im Bereich von U_r = 3,4 V bis 5,1 V hinreichend linear von 0,58 MHz bis 2,56 MHz verändern. Das beigefügte Datenblatt im *Anhang* gibt über die technischen Daten und Beschaltung Auskunft. Ein Auszug aus dem Applikationsbericht ICAN-6101 [37] zeigt im Anhang die Wirkungsweise des spannungsgesteuerten Oszillators in COS/MOS Technik.

Den Abschluß dieses Abschnittes *Synthesizer* soll der Synthesizerteil eines Mikrowellen-Generators für den Frequenzbereich 2÷6,2 (6÷18 GHz) bilden.

Der Generator ist ein Fabrikat der Firma *Hewlett Packard* [29] und trägt die Bezeichnung 8672 A. Die Blockschaltung (Bild 54) zeigt, daß zur Erzeugung des Synthesizer-Ausgangssignales (F_{YTO}) 4 PLL-Schleifen verwendet werden. Die einzelnen Schleifen sind mit Referenz-LFS.M/N- und YTO-Schleife bezeichnet. Die Organisation ist folgende: In der *Referenzschleife* (referenceloop) wird ein 100-MHz-VCO durch eine interne oder externe 10-MHz-Frequenz synchronisiert (Teilerstufen 5 : 1 und 2 : 1).

Die *LFS-Schleife* (20–30 MHz) bestimmt die 4 niedrigsten Stellen der Ausgangsfrequenz. Die Referenzfrequenz dieser Schleife ist

$$\frac{10\ \text{MHz}}{125} = 80\ \text{kHz}.$$

Mit diesem Signal wird ein VCO mit dem Frequenzbereich 160÷240 MHz, der durch einen Teiler N_1 = 2000,1 bis 3000,0 auf 80 kHz heruntergeteilt wird, eingerastet. Da der Teiler in Schritten von 0,1 einstellbar ist, wird die VCO-Frequenz mit 8-kHz-Schritten geändert. Eine weitere Teilung von 8 : 1 liefert als Eingangsfrequenz für die YTO-Schleife: 20,001÷30 MHz (F_L) mit einer entsprechenden Frequenzauflösung von

$$\frac{8\ \text{kHz}}{8} = 1\ \text{kHz} = 10\ \text{kHz} \cdot N_1 .$$

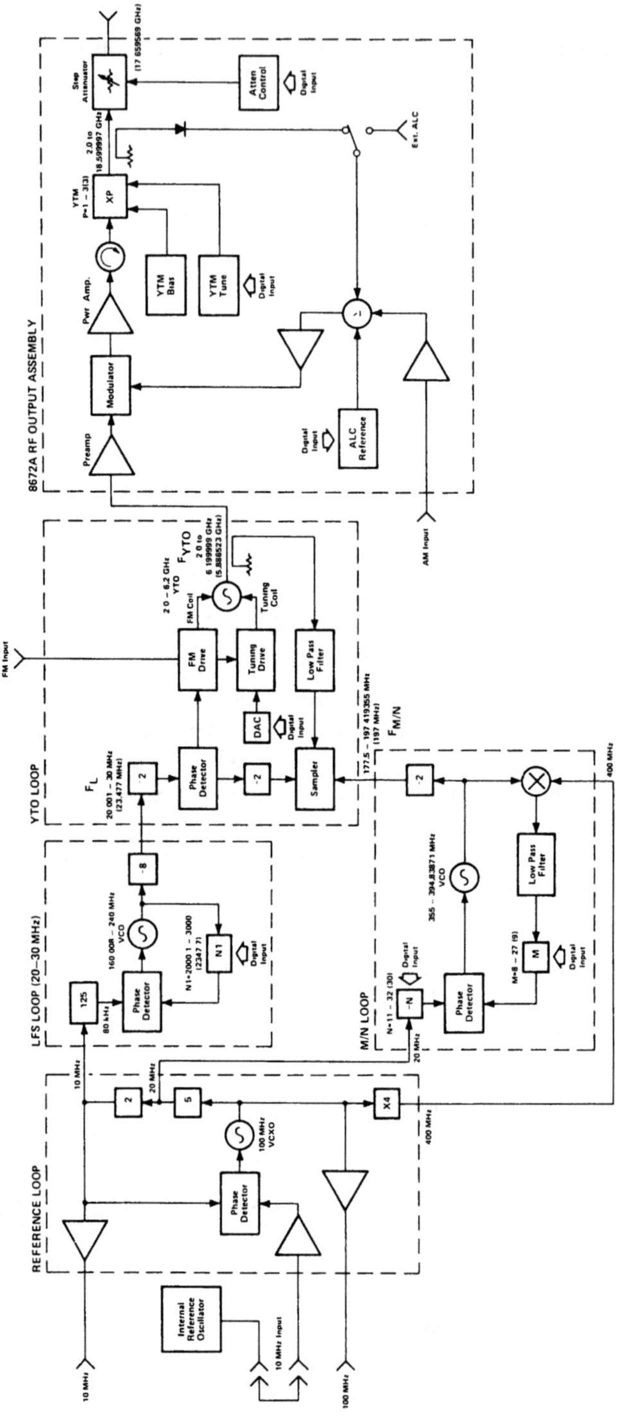

8672A RF OUTPUT ASSEMBLY
Preamp
Modulator
Pwr Amp.
YTM Bias
YTM Tune
XP
Step Attenuator
Atten Control
Digital Input
ALC Reference
Ext. ALC
AM Input
YTO LOOP
FM Input
FM Drive
Tuning Drive
Low Pass Filter
FM Coil
Tuning Coil
DAC
Phase Detector
Sampler
LFS LOOP (20–30 MHz)
VCO
N1
M/N LOOP
M
REFERENCE LOOP
100 MHz VCXO
X4
400 MHz
Internal Reference Oscillator
10 MHz
100 MHz
20 MHz

Bild 54

Auf die F_{YTO}-Frequenz bezogen, ist die F_L-Frequenz = der Differenz der letzten 4 Stellen (Z) dieser Frequenz von 30 MHz abgezogen. Damit

$$F_L = 30\,\text{MHz} - Z^{1)}. \tag{77}$$

Die M/N-Schleife rastet einen VCO (Frequenzbereich 355–395 MHz) in der Weise ein, daß dieser durch Mischung mit einer festen Frequenz (400 MHz) in die Frequenzlage von 5–45 MHz konvertiert wird und durch entsprechende variable Teilung M (: 8–27) mit der aus 20 MHz über den ebenfalls variablen Teiler N (: 11–32) geteilten Frequenz im PD verglichen wird.

Die Ausgangsfrequenz der M/N-Schleife, die durch die Teiler M und N bestimmt wird, ergibt sich aus der Beziehung:

$$F_{M/N} = 200\,\text{MHz} - 10\,\text{MHz} \cdot \frac{M}{N}. \tag{78}$$

Auf die YTO-Frequenz bezogen, ermittelt sich $F_{M/N}$ aus:

$$F_{M/N} = \frac{(F_{YTO} + F_L)}{N}. \tag{79}$$

Hierbei ist die $F_{M/N}$ um den Faktor 2 geteilte VCO Frequenz der M/N-Schleife.

Die PLL-Schleife für den YTO-Oszillator erhält die aus Gl. (79) um den Faktor 2 geteilte F_L-Frequenz zugeführt.

Die VCO-Vergleichfrequenz bildet sich als Differenz aus der Oszillatorfrequenz F_{YTO} und der N-ten Harmonischen der $F_{M/N}$-Frequenz – hier ist N identisch mit dem N der M/N-Schleife.

Dieser Mischvorgang findet im Sampler statt; die entstehenden Impulse, die durch Steuerung des Samplers durch die $F_{M/N}$-Frequenz-Signale gebildet werden, liegen ebenfalls über einen 2 : 1 Teiler an der PD-Stufe.

Die entstehende Regelgleichspannung im Ausgang des PD wird der Abstimmspannung des YTO-Oszillators überlagert.

Die entstehende YTO-Frequenz ist in 1 kHz-Frequenzschritten einstellbar (!).

Die sich als YTO-Frequenz ergebende Frequenz läßt sich endgültig aus den Teilerwerten N_1, N und M wie folgt darstellen:

$$F_{YTO} = 200\,\text{MHz} \cdot N - 10\,\text{MHz} \cdot M - 10\,\text{kHz} \cdot N_1. \tag{80}$$

---

1) Z = die letzten 4 Stellen der F_{YTO}-Frequenz

Nachrechnung des in Klammern im Blockschaltbild 54 eingetragenen Zahlenbeispiels:

$$N_1 = 2347,7$$

$$F_L = 10\,\text{kHz} \cdot 237,7 = 23,477\,\text{MHz},$$

$$N = 30,$$

$$F_{M/N} = 200\,\text{MHz} - 10\,\text{MHz} \cdot \frac{9}{30} = 197\,\text{MHz},$$

$$M = 9.$$

F_{YTO} aus Gl. (80):

$$F_{YTO} = 200\,\text{MHz} \cdot 30 - 10\,\text{MHz} \cdot 9 - 10\,\text{kHz} \cdot 2347,7 = 5,886\,523\,\text{GHz}.$$

$$F_{M/N} = \frac{5886,523\,\text{MHz} + 23\,477\,\text{MHz}}{30} = \frac{5910\,\text{MHz}}{30} = 197\,\text{MHz}.$$

Kontrolle Gl. (77)

$$F_L = 30,000\,\text{MHz} - 6,523\,\text{MHz} = 23,477\,\text{MHz}.$$

2.2 Einsatz des PLL-Verfahrens in der Nachrichten- und Meßtechnik

Nach der Einführung in das Anwendungsgebiet *Synthesizer* – hier dominiert der digitale PD-Typ – mit Hilfe der PLL-Technik, ist aber der Einsatz dieses Verfahrens bei weitem noch nicht erschöpft. Eine anschließende Übersicht soll zeigen, welch breites Anwendungsgebiet sich die PLL-Technik in den letzten Jahren noch erschlossen hat. Insbesondere gilt dieses bei der Verwendung linearer PD-Typen in der PLL-Technik.

Hier wären als wichtigste zu nennen:

1. Tracking-Filter.
2. FM-/AM-Demodulator für Rundfunk- und Fernsehempfänger.
3. Stereodecoder.
4. FSK-Modulator und -Demodulator in FM/Mehrfach-Telemetrie-Empfänger.
5. Phasenschieber in der Meßtechnik.

Die Reihe wäre noch um einige weitere Anwendungen fortzusetzen; Hinweise sind aus der im Anhang angegebenen Literatur zu entnehmen.

Die unter 2. und 3. angegebenen Beispiele werden eingehend behandelt, da hierfür eigene Messungen vorliegen.

Zunächst stellt sich die Frage, warum bieten sich für den PLL noch so viele Anwendungsmöglichkeiten an. Die Antwort ergibt sich einfach aus der hinreichend bekannten Tatsache, daß der im PLL vorhandene VCO sich über den Phasenvergleicher immer auf die Eingangsfrequenz zu synchronisieren versucht, woraus sich die oben genannten Möglichkeiten ergeben.

2.2.1 PLL als Tracking-Filter

Hier dient die PLL-Schaltung zur Regenerierung stark verrauschter Signale. Die Bezeichnung Tracking-Filter bedeutet soviel wie *Nachführ-Filter.*

Für diesen Anwendungszweck eignet sich speziell der lineare PD [7, 20], soweit er im linearen Bereich betrieben wird, aus dem Grunde am besten, da er gegenüber den digitalen Typen die Eigenschaft der weitgehenden Rauschunterdrückung besitzt. Man muß diese Eigenschaft allerdings grundsätzlich im Zusammenhang mit der Anwendung des PLL sehen. Die digitalen PD-Typen weisen einen Fang-/Haltebereich auf, der sich über den ganzen VCO-Bereich erstreckt. Ihr Hauptanwendungsgebiet ist ja daher das der *Synthesizer.*

Der lineare PD-Typ dagegen hat einen auch von der Eingangsamplitude abhängigen Fangbereich; hierauf wird bei der Demodulation noch näher eingegangen. Je kleiner der Fangbereich, um so kleiner ist aber auch die Rauschbandbreite.

Untersuchungen haben nun ergeben, daß ein Signal–Rauschabstand (SNR) von mindestens 4–6 dB ein stabiles Einrasten des PLL möglich macht [1]. Der Grund für diese Grenze liegt einfach darin, daß sich bei zu niedrigen Rauschabständen die Nulldurchgänge des Gesamtsignales laufend verschieben. Diese Erscheinung wird auch als Phasenzittern (engl. phase-jitter) bezeichnet. Bei Überschreiten einer bestimmten Größe von $\Delta\varphi_{ji}$ (Phasenjitter) wird ein sicheres Einrasten unmöglich. Der quadratische Mittelwert von $\Delta\varphi_{ji}$ läßt sich aus der nachstehenden Formel ermitteln:

$$\sqrt{\Delta\varphi_{ji}^2} = \sqrt{\frac{1}{2\,SNR_{out}}} \tag{81}$$

SNR_{out} (Signal-Rauschabstand am Ausgang des PLL)

$$SNR_{out} = \frac{P_s}{P_N} \cdot \frac{B_i}{2B_2}\,. \tag{82}$$

Hierin bedeuten:

P_N = Rauschleistung am Eingang des PLL

P_S = Nutzsignal am Eingang des PLL

B_L = Rauschbandbreite

$$B_L = \frac{\omega_N}{2}\left(\zeta + \frac{1}{4\zeta}\right) \quad \text{für PLL 2. Ordnung} \tag{83}$$

B_i = Bandbreite des Eingangsfilters (Kanal-Bandbreite).

Für $\zeta = 0{,}5$ wird B_L aus Gl. (83) gleich $\omega_N/2$.

Für $SNR_{out} = 4$ wird $\overline{\Delta\varphi_{ji}^2}$ aus Gl. (81)

$$\sqrt{\overline{\Delta\varphi_{ji}^2}} = \sqrt{\tfrac{1}{8}} = 0{,}35 \text{ rad} \sim 20°.$$

Dieser Wert führt statistisch noch nicht zum Ausrasten der Schleife.

Aus Gl. (83) ist der gegensätzliche Einfluß von B_L und des Fangbereiches $\Delta\omega_F$ zu erkennen. Für kleine Rausch-Signalverhältnisse muß also zwecks Verbesserung dieses Wertes B_L verkleinert werden, was nach Gl. (83) einer Verringerung von ω_N gleichkommt. Da $\Delta\omega_F$ wieder proportional ω_N ist, besteht also in diesem Fall die Möglichkeit eines *Nichteinfangens* des Signals.

Dieser Einrastprozeß läßt sich mit einem schmalbandigen Bandfilter vergleichen, dessen Mittenfrequenz aber im Gegensatz zum konventionellen Bandfilter verschiebbar ist.

Wird ein Filter vom Typ2 oder 3 (s. Anhang) verwendet, so erhält man einen Fangbereich:

$$\Delta\omega_F \sim 2\zeta\,\omega_N. \tag{84}$$

Für $\zeta = 0{,}5$, wäre $\Delta\omega_F \sim \omega_N$ bzw. für $\zeta = 0{,}7$ wird $\Delta\omega_F \sim 1{,}4\,\omega_N$.

Die 3-dB-Gesamtbreite der PLL-Schleife wäre dann nach Gl. (66)

$$\omega_{\pm 3dB} = 4{,}12 \cdot \omega_N.$$

Weiter ist nochmals an die früheren Zusammenhänge zu erinnern, daß $\Delta\omega_F(\Delta\omega_H)$ proportional dem Produkt aus $K_p K_0$ ist. In der Meßtechnik, wo sehr häufig noch kleinste Signale aus dem Rauschen regeneriert werden müssen, wendet man die sog. *Sweep-Technik* in Verbindung mit einem *IN-Lock-Detektor* an [38]. Bild 55 zeigt das Blockschaltbild einer solchen PLL-Schaltung; hierbei wird der VCO durch eine sich sägezahnförmig ändernde Spannung langsam um seine Freilauffrequenz gewob-

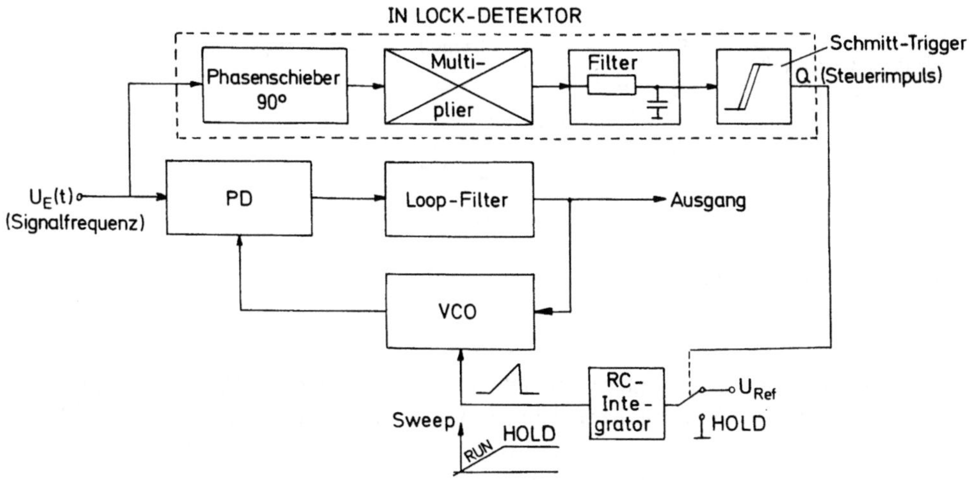

Bild 55 Sweep-Technik bei verrauschter Signal-Eingangsspannung

belt [1]). Wird die Signalfrequenz überlaufen, tritt durch eine sog. *Hold-Schaltung* ein *Anhalten* der VCO-Frequenz auf, wodurch der Synchronisationsprozeß eingeleitet wird. Der Phasenverschieber von 90° hebt die normalerweise vorhandene 90°-Phasenverschiebung zwischen Eingangs- und Referenzsignal beim linearen PD auf, wodurch die *Multiplikation* durch den Analog-Multiplier einen positiven Wert erhält. Wir werden diesem 90° Phasenschieber bei der AM-Demodulation wieder begegnen. Diese Technik ist also dann sinnvoll, wenn der Fangbereich aus Rauschgründen wesentlich kleiner gemacht werden muß, als es sonst notwendig wäre.

2.2.2 PLL als FM- und AM-Demodulator

Wenden wir uns nun dem Anwendungspunkt der FM-/AM-Demodulation mittels der PLL-Technik zu.

Bild 56 zeigt die PLL-Schaltung für die Anwendung als FM-Demodulator. Wie man aus dem Bild erkennt, entfällt hier der programmierbare Teiler. Der Ausgang des VCO wird direkt mit dem Eingang des PD verbunden, wodurch der direkte Frequenzvergleich mit dem des Eingangssignals erfolgt. Daß der PLL prädestiniert ist für die Demodulation frequenzmodulierter Schwingungen, geht aus folgender Überlegung hervor:

---

1) $\frac{d\,\Delta\omega}{dt} < \omega_N^2$

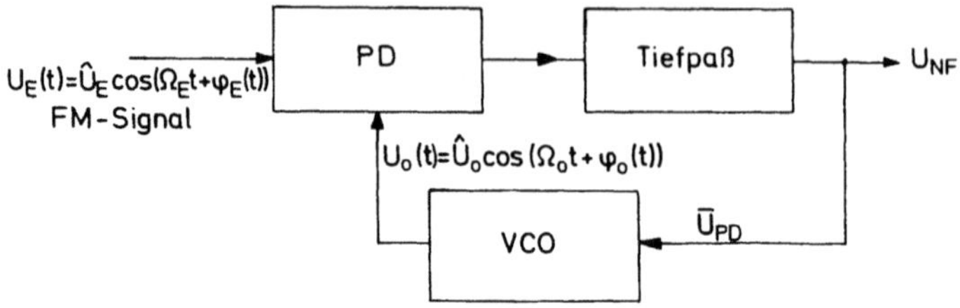

Bild 56 PLL als FM-Demodulator

Da bei der FM die Trägerfrequenz durch das Modulationssignal im Rhythmus dieser Frequenz und in der Momentanabweichung (Augenblicksfrequenz) durch seine Amplitude verändert wird, versucht der VCO sich laufend auf diese Momentanfrequenz einzurasten. Die dabei entstehende Fehlerspannung $U_{PD}(t)$ am Ausgang des Tiefpasses stellt dann direkt die Information, d.h. das Niederfrequenzsignal, dar.

Mathematisch läßt sich dieser Vorgang vereinfacht in folgender Weise darstellen: Aus der Multiplikation des Eingangs- und Ausgangssignals erhielten wir aus Gl. (5) in vereinfachter Darstellung als Ausgangssignal hinter dem Tiefpaß:

$$U_{PD}(t) = u_{mod} = \frac{1}{2}\hat{U}_0\hat{U}_E\cos(\varphi_E(t) - \varphi_0(t)). \qquad (85)$$

Hierin ist das Eingangssignal $u_E(t) = \hat{U}_E\cos\varphi_E(t)$ aus der Integral-Darstellung abgeleitet. Es ist

$$u_E(t) = \hat{U}_E\cos\varphi_E(t) = \hat{U}_E\cos\int\Omega_{E0}(t)\,dt$$

mit

$$\Omega_E(t) = \Omega_{E0} + \Delta\omega\cdot\cos(\omega_N + \varphi_E(t)).$$

Die vom VCO an den PD zurückgeführte Spannung läßt sich als

$$u_0(t) = \hat{U}_0\cos(\Omega_0 t + \varphi_0(t))$$

angeben.

Die Multiplikation führt dann durch den als linearen Multiplizierer wirkenden PD (Typ 1) zu dem in Gl. (85) angegebenen Ergebnis. Im Prinzip zeigt Bild 2 den gleichen Vorgang in graphischer Darstellung.

Mit der im Bild 57a – hier wurde der PLL-Baustein NE 561 B der Firma Signetics [28] verwendet – gezeigten Blockschaltung wurden eingehende Messungen durch-

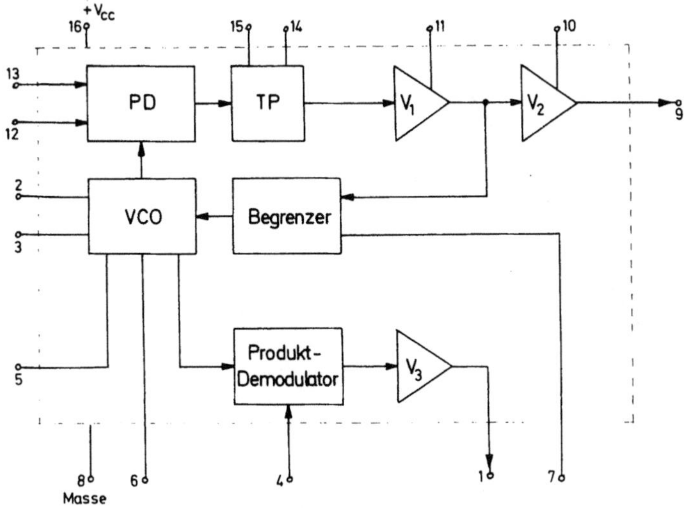

Bild 57a Blockschaltbild der integrierten PLL-Schaltung NE561B (Signetics)

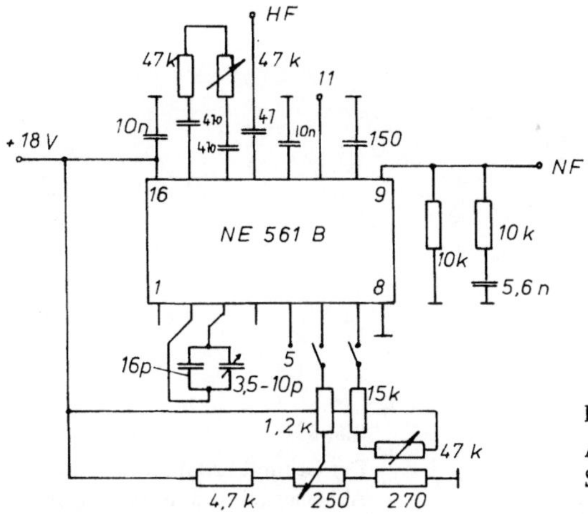

Bild 57b

Ausgeführte FM-Demodulator-Schaltung

geführt. Die Freilauffrequenz des VCO wurde hierbei genau auf 10,7 MHz eingestellt. Das Eingangssignal wurde zunächst unmoduliert der Buchse 4 zugeführt. Mit Hilfe eines digitalen Frequenzzählers wurde der Haltebereich ausgemessen; es wurde ein Bereich von ± 500 kHz ermittelt. Bild 57b zeigt den beschalteten Baustein für FM-Demodulation.

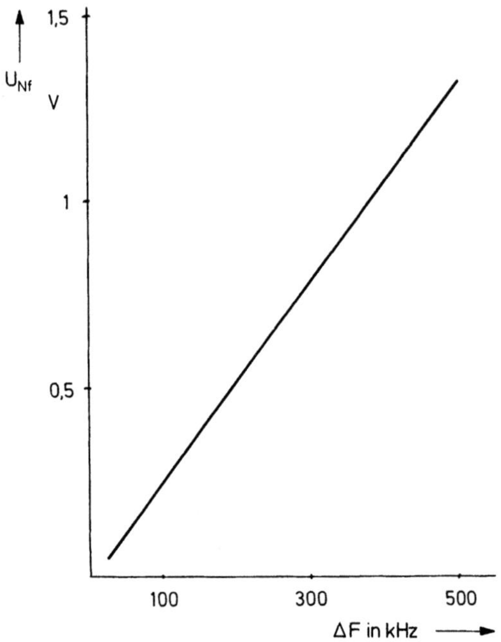

Bild 58
Die NF-Ausgangsspannung in Abhängigkeit vom Frequenzhub

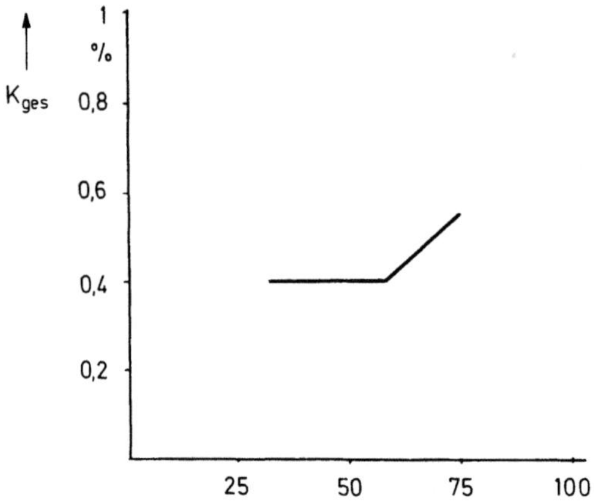

Bild 59
Der Gesamtklirrfaktor in Abhängigkeit vom Frequenzhub

Bild 58 zeigt die NF-Ausgangsspannung für das modulierte Signal als Funktion des Frequenzhubes; diese zeigte bis ca. 200 kHz Hub einen linearen Verlauf. Bei der Klirrfaktor-Messung (K_{ges}) wurde ab 60 kHz ein Anstieg festgestellt (Bild 59). Sehr kritisch war hierbei die Einstellung des Signaleingangspegels; als günstigster Wert wurde $U_{HF_{elf}}$ zu 4,5 mV ermittelt. Bei Werten über 10 mV und unter 3 mV traten erhebliche Verzerrungen der NF-Spannung auf. Wenn man aber berücksichtigt, daß diese für ziemlich große Hübe geeignete Demodulatorschaltung ohne abgestimmte Schwingkreise wie beim herkömmlichen Ratio-Diskriminator auskommt, so stellt diese Anordnung doch einen bemerkenswerten Fortschritt dar.

Allerdings ergab sich für einen Frequenzhub von 75 kHz nach [39] ein Signal-Rausch-abstand von nur −34,5 dB, was für hochwertige Tonübertragungen zu klein ist. Für die größeren Frequenzhübe, die ja bei dieser Schaltung bis ca. 200 kHz betragen können, wird das Verhältnis günstiger.

Für die AM-Demodulation kann der gleiche Baustein verwendet werden.

Bild 60 zeigt zunächst wieder das Blockschaltbild. Hieraus geht hervor, daß für diese Funktion der eingebaute Produktdemodulator und ein externer 90°-Phasenschieber erforderlich sind; die Begründung dafür wird weiter unten gegeben.

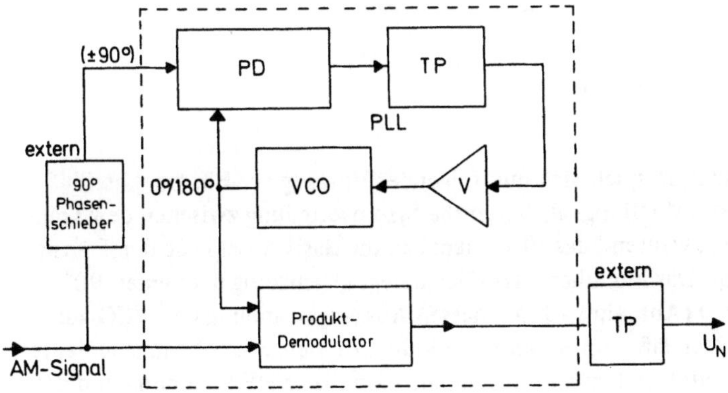

Bild 60 PLL (NE561B)-AM-Demodulator mit extremen 90° Phasenschieber

Damit der Leser auch einmal einen Einblick in eine PLL-Schaltung besonderer Art erhält, ist in Bild 61 das Innenleben dieses sehr komplexen Bausteins wiedergegeben. Anschlüsse s. Bild 57a.

Zur Funktionsweise: Bei AM-Betrieb bilden die Transistoren T1, T2, T3 und T4, sowie T15 und T16 die als Produktdemodulator dienende Mischstufe und T6, T7, T8, T9 sowie T17, T18 den Phasenkomparator. Der VCO besteht aus den Transistoren T11, T12, T13 und T14; T20, T21, T22, T23 und T24 liefern den die Frequenz des VCO bestimmenden Steuerstrom.

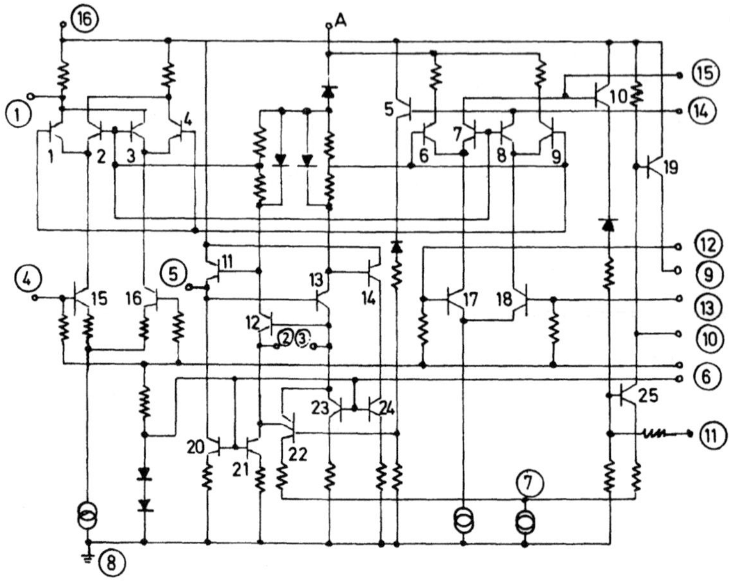

Bild 61 Innerer Aufbau des NE561B

Bei der AM-Demodulation spielt sich nun folgender Vorgang ab: Ein am Anschluß 4 (Bild 61) zugeführtes AM-HF-Signal steuert die Stromverteilung zwischen den Transistoren T15 und T16, während das VCO-Signal an die Basis-Anschlüsse der Transistoren T1 bis T4 gelangt. Das modulierte HF-Signal liegt gleichzeitig über einen 90°-Phasenschieber am PD (Anschluß 13) an, dessen Ausgangsspannung den VCO auf den HF-Träger einrasten läßt. Am Produktdemodulator, der, wie der Name andeutet, als Multiplizierer arbeitet, stehen am Eingang die modulierte HF-Spannung und das gleichfrequente unmodulierte VCO-Signal an. Das modulierte Eingangssignal von der Form:

$$U_E(t) = \hat{U}_E(t) \cos(2\pi f_E t + \varphi_E)$$

mit $\hat{U}_0 \cos(\varphi_E + \varphi_0)$ multipliziert, liefert als Ergebnis der Multiplikation nach dem Tiefpaß das niederfrequente Signal

$$U_{AN} = \frac{1}{2} \hat{U}_E(t) \hat{U}_0 \cos \Delta\varphi. \qquad (86)$$

Eine maximale Ausgangsspannung kann sich nur für $\cos \Delta\varphi = 0$ ergeben. Beim linearen PD sind, wie unter den Grundlagen im Abschnitt 1.1 abgeleitet, Eingangsspannung und VCO-Spannung im Einrastfall um 90° phasenverschoben. Ohne den zusätzlichen 90°-Phasenschieber würde der Produktdemodulator *kein* niederfrequentes Ausgangssignal liefern. Durch diesen Phasenschieber wird das VCO-Signal um weitere 90° in der Phase gedreht, so daß das Eingangssignal und das VCO-Signal phasengleich am Produktdemodulator-Eingang liegen.

Bild 62 zeigt die Beschaltung des Bausteins für die AM-Demodulation. Nach Herstellerangaben wurden die C- und R-Werte ausgewählt.

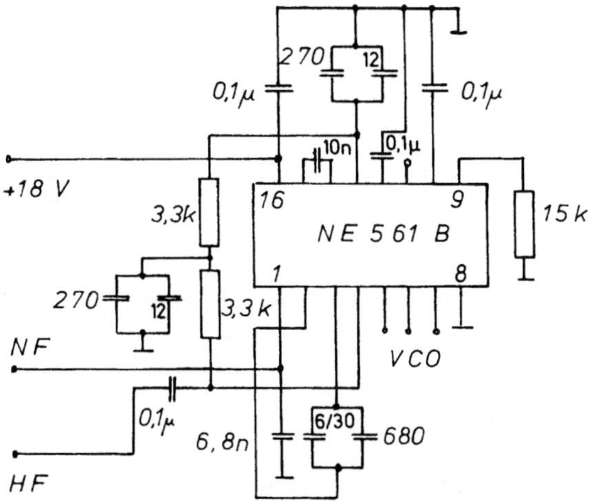

Bild 62
AM-Demodulator NE561B mit äußerer Beschaltung

Die praktischen Messungen wurden in der Weise durchgeführt, daß zuerst für eine bestimmte VCO-Frequenz – hier wurde die Frequenz 470 kHz gewählt – der Fang- und Haltebereich bei Anlegen des Eingangssignales mit verschiedenen Amplitudenwerten und Modulationsgraden ausgemessen wurde. Während ohne Modulation des Eingangssignales $\Delta\omega_H$ und $\Delta\omega_F$ aus bekannten Gründen nicht zusammenfallen, trifft dieses für den Modulationsfall nicht zu.

Bild 63 zeigt dieses Ergebnis für 3 verschiedene m-Werte. Halte- und Fangbereich fallen hier zusammen, wobei die Bereiche mit zunehmendem m kleiner werden und nicht genau symmetrisch zur Mittenfrequenz liegen.

Bemerkenswert waren aber die praktischen Ergebnisse der demodulierten Signale im Vergleich zum herkömmlichen Spitzengleichrichter. Der Synchron-Demodulator, so bezeichnet man auch diese Art der Gleichrichtung, liefert, wie Bild 64 zeigt, bereits bei sehr geringen Eingangsspannungen hohe NF-Ausgangsspannungen. Hier kommt die gute Rauschbegrenzung der PLL-Schaltung gegenüber dem einfachen Diodengleichrichter voll zur Wirkung. Bei einem HF-Eingangspegel von 12 mV zeigte der Spitzengleichrichter nur noch einen undefinierten Signalrauschpegel,

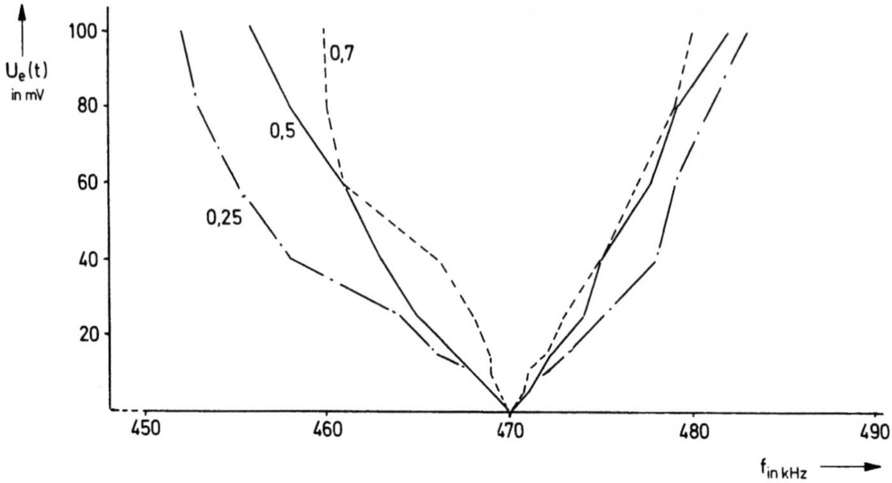

Bild 63 Fang- und Haltebereich der Schaltung nach Bild 62 für modulierte Eingangsspannungen mit m = 0,25, 0,5 und 0,7 (Modulationsgrad)

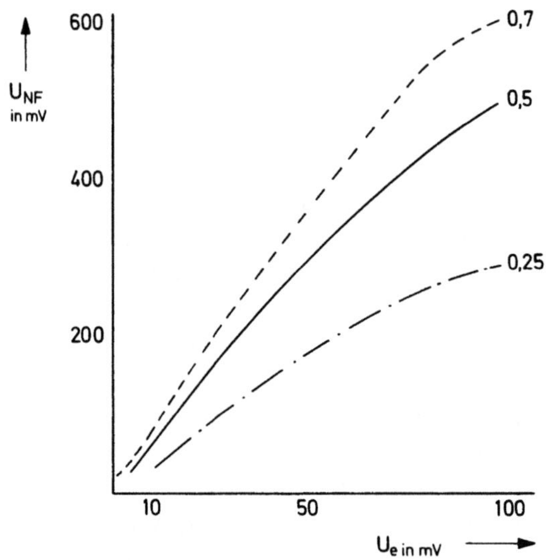

Bild 64

NF-Ausgangsspannung in Abhängigkeit mit m = 0,25, 0,5 und 0,7 (Modulationsgrad) modulierter HF-Eingangsspannung

wogegen die PLL-Schaltung bei dieser Eingangsspannung einen Ausgangswert von über 50 mV praktisch rauschfrei abgab. Allerdings ist in diesem Fall der ausnutzbare Frequenzbereich sehr klein (ca. 2 kHz); für gute Übertragungszwecke werden daher Eingangsspannungen > 50 mV erforderlich.

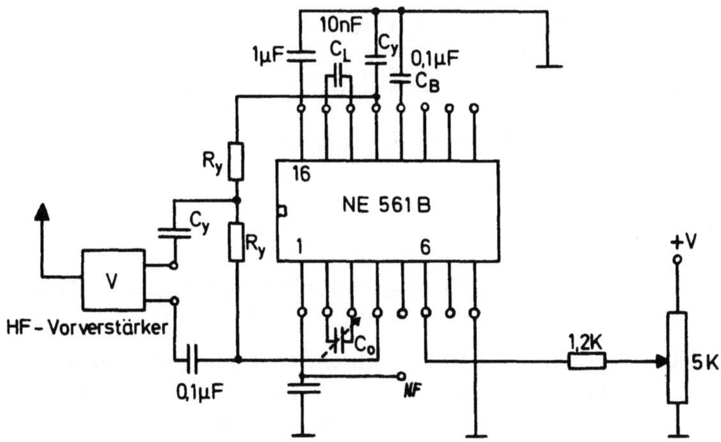

Bild 65 AM-PLL-MW-Empfänger mit dem integrierten PLL-Baustein NE561B (Signetics)

Bild 65 zeigt das Blockschaltbild eines PLL-AM-Empfängers [28] mit dem beschriebenen Baustein für den Frequenzbereich 550 kHz bis 1,6 MHz. Nach den in [28] angegebenen Applikationsunterlagen berechnet sich der Kondensator C_y für den 90°-Phasenschieber mit $R_y = 3$ k angenommen zu:

$$C_y = \frac{1{,}3 \cdot 10^8}{f_c\,(\mathrm{Hz})} \text{ in pF}. \tag{87}$$

Hierin ist f_c das geometrische Mittel der Anfangs- und Endfrequenz:

$$f_c = \sqrt{f_o\, f_u}. \tag{88}$$

In unserem Fall:

$$f_c = \sqrt{1{,}6 \cdot 0{,}56} = 0{,}94 \text{ MHz}$$

$$f_c = 0{,}95 \cdot 10^6 \text{ Hz}.$$

In Gl. (87) eingesetzt, ergibt sich C_y zu:

$$C_y = \frac{1{,}3 \cdot 10^8}{0{,}94 \cdot 10^6} = 135 \text{ pF}.$$

Für den Kondensator C_1 im Schleifenfilter hat sich ein Wert von 10 nF als günstig erwiesen.

Die Frequenzabstimmung kann auf zwei Arten erfolgen:

1. Der Freilaufkondensator C_0 des VCO ist ein Drehkondensator.
2. Mit Hilfe der Feinabstimmung über Kontakt 6 mittels des Potentiometers 5 k.

Zu 1.: Der Wert von C_0 wird aus der Formel (89) bestimmt.

$$C_0 \approx \frac{300}{f_0\,(\text{MHz})} \tag{89}$$

Für unser Beispiel wäre $C_{0\,min} \cong 196$ pF für $f_{0\,max} = 1{,}6$ MHz und $C_{0\,max} \cong 550$ pF für $f_{0\,min} = 550$ kHz zu machen.

Zu 2.: Hier wird C_0 als Festkondensator für eine Mittenfrequenz $f_C = 0{,}94$ MHz aus Gl. (89) berechnet; bei dieser Frequenz soll der in Anschluß 6 einfließende Strom Null sein, d.h., das Potentiometer muß dabei etwa in der Mitte des Regelbereiches stehen. Der Hersteller empfiehlt, einen unabgestimmten Breitbandverstärker vorzuschalten, wobei aber ein zusätzlicher Amplitudenregler vor den HF-Eingang des PLL-Bausteines aus Übersteuerungsgründen vorgesehen werden sollte.

2.2.3 PLL als Stereo-Decoder

Unter diesen Punkt wollen wir die Rolle des PLL in einem integrierten Stereo-Decoder kennenlernen. Der Autor benutzte dafür ein Fabrikat der Firma Texas Instruments mit der Typenbezeichnung SN 76 115.

Es wurden dieser Decoder und ein herkömmlicher Spulendecoder der Type TBA 450 (Siemens) in ihren Eigenschaften untersucht und die Ergebnisse miteinander verglichen. In den bisher verwendeten Decodern ist für die Aufbereitung des Pilottones und der von ihm abgeleiteten 38-kHz-Schalt- bzw. Trägerfrequenz ein gewisser Schaltaufwand notwendig, der in der Verwendung von einigen Spulen, Übertragern, Kondensatoren und Widerständen besteht. Die Abgleichvorgänge müssen sehr sorgfältig vorgenommen werden, da sich sonst die Übersprechdämpfung zwischen dem linken und rechten Kanal bei ansteigendem Klirrfaktor verringert.

Diese Nachteile der etwas umständlichen Abgleichvorgänge lassen sich durch die PLL-Technik weitgehend umgehen.

Der äußere benötigte zusätzliche Aufwand an Bauelementen beschränkt sich auf einige Widerstände und Kondensatoren; Spulen bzw. Übertrager entfallen. Der Abgleich wird mittels eines *einzigen* Trimmpotentiometers durchgeführt.

Das Blockschaltbild des integrierten PLL-Decoders ist aus Bild 66 zu entnehmen [26].

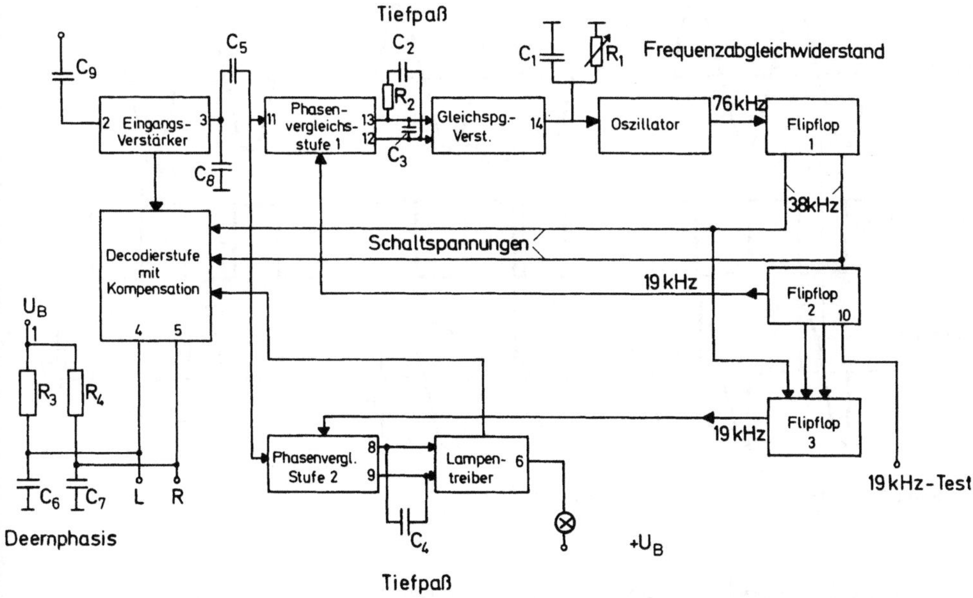

Bild 66 Blockschaltbild des integrierten PLL-Stereo-Decoders SN76115 (Texas Instruments)

Zur Funktionsweise: Die für die Decodierstufe erforderliche 38-kHz-Schwingung wird aus der 19 kHz-(Pilotton-)Frequenz, die die PLL-Schleife synchronisiert, gewonnen. Hierbei besteht der VCO aus einem auf 76 kHz schwingenden astabilen Rechteckgenerator, dessen Frequenz durch einen nachfolgenden Flipflop um den Faktor 2 (38 kHz) geteilt wird. Für den Phasenvergleicher PD 1 wird durch das Flipflop 2 nach einer weiteren Frequenzteilung die durch 4 geteilte Oszillatorfrequenz von 19 kHz = 76/4 kHz bereitgestellt. Die Gewinnung der Regelspannung für unseren VCO erfolgt in relativ einfacher Weise. Bild 67 zeigt die Entstehung der $\overline{U}_{TP}$-Spannung sehr anschaulich.

Das 19-kHz-Rechtecksignal schaltet im PD 1 die am Emitter eines Transistors anliegende Signalspannung (MPX-Signal) durch Ansteuerung an die Basis während seiner positiven Halbwelle kurz. Es entsteht dadurch eine *zerhackte* Signalspannung, die, je nach der momentanen Phasenlage zwischen f_{in} und f_{VCO}, durch die Integrationswirkung des Tiefpasses einen negativen bzw. positiven Regelspannungswert liefert. Für $\varphi = 0°$ bzw. $180°$ werden die zerhackten Signale Sinushalbwellen; hierbei erreicht $\overline{U}_{TP}$ seinen Maximalwert. Dieser Wert bestimmt die größte zulässige Frequenzabweichung.

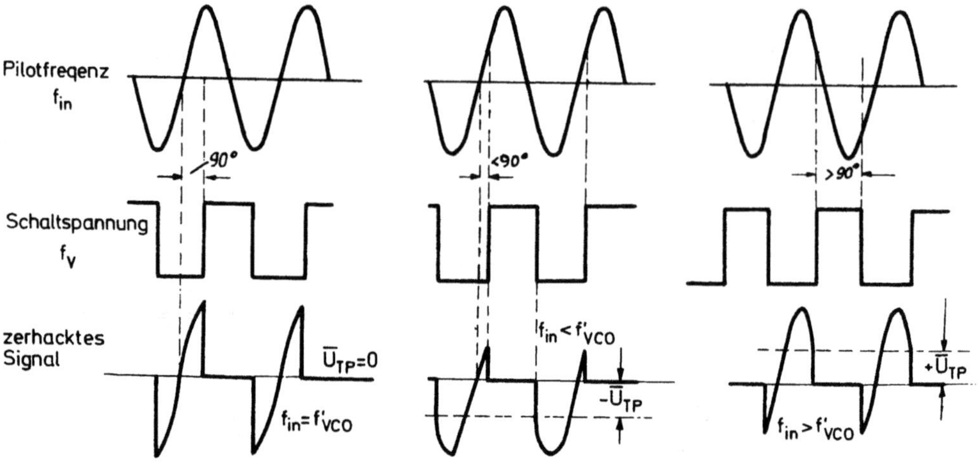

Bild 67 Entstehung der $\overline{U}_{TP}$-Spannung bei $f_{in} \lesseqgtr f'_{VCO}$

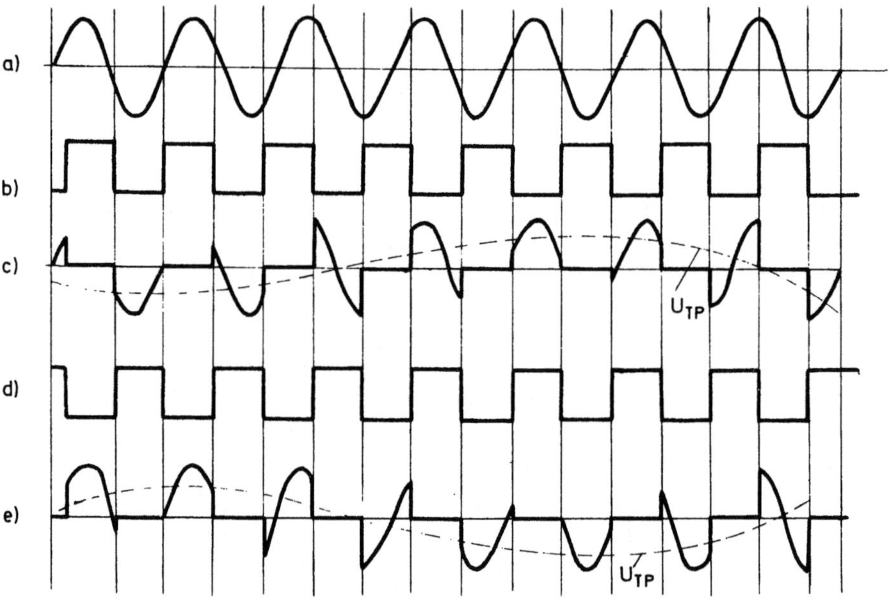

Bild 68 Spannungsverläufe im nichtsynchronisierten Zustand

a) Pilotton

b) und d) Gegentakt-Schaltspannungen an den Basisanschlüssen der Transistoren im PD 1

c) zerhacktes Signal an Anschluß 12

e) zerhacktes Signal an Anschluß 13

Zu beachten ist auch hier die 90°-Phasenverschiebung der beiden Signale im Fall des exakten Synchronismus.

Im praktischen Betrieb werden der PD-Stufe 1 *Gegentakt*-Rechteckspannungen zugeführt, da die entstehenden $\overline{U}_{PD}$-Spannungen durch einen Differenz-Gleichstromverstärker verstärkt werden sollen.

Aus diesem Grunde wechseln die entstehenden $\overline{U}_{TP}$-Spannungen, wie aus Bild 68a bis 68e zu ersehen ist, periodisch an den Anschlüssen 12-13. Durch die vom VCO kommende Vergleichspannung entstehen durch Mischung mit der Eingangsfrequenz f_{in} = 19 kHz als Trägerfrequenz hauptsächlich die Frequenzen:

$$f'_{VCO} - f_{in},\ f_{in},\ f'_{VCO} + f_{in},\ 2f'_{VCO},\ 3f'_{VCO} - f_{in},$$
$$3f'_{VCO} + f_{in},\ 4f'_{VCO}\ \text{usw.}$$

Durch den Tiefpaß werden nur noch die Signale $f'_{VCO} - f_{in}$ durchgelassen, die bis zum Erreichen der Synchronisation noch eine Frequenzmodulation des VCO bewirken. Der Einfluß dieser Frequenzmodulation auf den Synchronisationsprozeß wurde im Abschnitt 1.1 erläutert.

Mit dem Trimmpotentiometer R_1 läßt sich der VCO noch zusätzlich etwas nachstellen; auf die Bedeutung dieser Regelung wird noch weiter unten eingegangen. Im PD 2 wird das MPX-Signal ebenfalls durch die 19-kHz-Spannung zerhackt und durch entsprechende Glättung in eine der Signalspannung proportionale Gleichspannung überführt. Wenn diese Gleichspannung einen bestimmten Grenzwert überschreitet, wird der Decoder die Stereo-Wiedergabe einleiten.

Die Decodierstufe selbst arbeitet nach dem bewährten Schalt-Decoderprinzip, wie es auch in den konventionellen Decodern angewandt wird. Die dem Decoder zugeführte MPX-Schwingung wird durch die ebenfalls synchrone 38-kHz-Gegentakt-Schwingung abwechselnd an die Ausgänge 4 bzw. 5 gelegt. Mit dem Regler R_1 läßt sich die optimale Übersprechdämpfung zwischen den beiden Ausgängen einstellen. Weitere Abgleichmöglichkeiten sind nicht erforderlich.

Bild 69 zeigt die beschaltete Stereo-Decoderschaltung mit diesem beschriebenen PLL-Baustein.

Es sollen nun noch die angekündigten Meßergebnisse der Übersprechdämpfung zwischen dem linken und rechten Kanal der beiden Decoder in der nachstehenden Tabelle aufgeführt werden.

Übersprechdämpfung der Decoder TBA 450 und SN 76 115 (PLL):

	TBA 450	SN 76 115 (PLL)
Kanal L	42 dB	43,8 dB
Kanal R	42,7 dB	42,2 dB

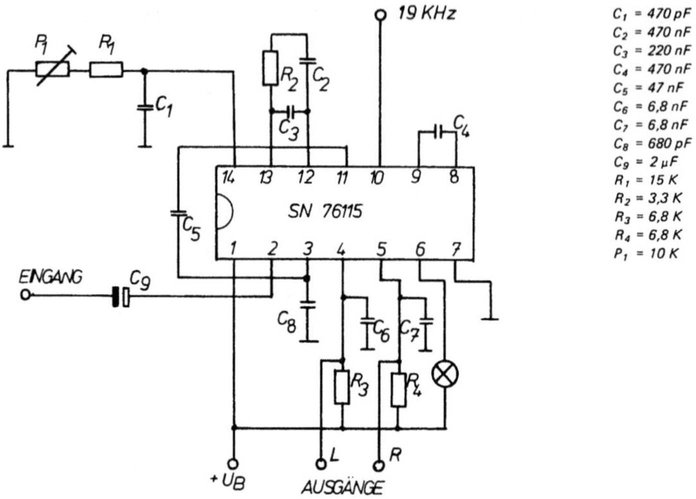

Bild 69 Der beschaltete Stereo-Decoder SN 76115

Die Ergebnisse zeigen eine weitgehende Übereinstimmung, was die Übersprechdämpfung betrifft. Interessant ist noch die Tatsache, daß beim PLL-Decoder sich die Übersprechdämpfung bei Eingangsspannungswerten zwischen 120 mV und 700 mV kaum änderte im Gegensatz zum Spulendecoder. Klirrfaktormessungen ergaben ebenfalls keine wesentlichen Unterschiede. Wenn man die außerordentliche Reduzierung des äußeren Aufwandes beim PLL-Decoder gegenüber dem Spulendecoder betrachtet, so dürfte die Zukunft wohl auch hier eindeutig dem PLL-Decoder gehören.

2.2.4 PLL in der Telemetrie

Unter diesem Punkt soll die Anwendung des PLL und seine Dimensionierung in der Mehrkanal-Telemetrie an Hand eines Beispieles behandelt werden [7]. Folgende Bedingung möge vorliegen:

Es sei die gleichzeitige Übertragung von Binärsignalen nach dem NRZ-Format im Bereich von 500–2000 Hz gefordert. Die Modulation soll als binäre Frequenzmodulation (abgekürzt FSK) erfolgen. Der VCO auf der Senderseite dient hierbei als Spannungs-Frequenzumwandler. Auf der Empfangsseite rastet der PLL-Demodulator immer nur auf die entsprechende Kanalfrequenz ein, wogegen er für die anderen außer Tritt fällt. Die Anzahl der Kanäle für unser Beispiel richtet sich nach der Bit-Rate; sie soll hier mit 50 Baud angenommen werden. Da ein Baud = 1 Bit/s ist, entsprechen 50 Baud einer Rechteckfrequenz von 25 Hz. Weiter soll Schmalband-FM verwendet werden; die Theorie liefert hierfür ein Seitenbandspektrum von nur um ± 25 Hz verschobene Seitenbänder. Die Kanalbandbreite beträgt damit 50 Hz. Als theoretisch mögliche Anzahl der Kanäle ergäbe sich dann

$$\frac{2000 - 500}{50} = 30.$$

Aus Störabstandsgründen wählen wir aber 60 Hz als Kanalabstand, wodurch sich die Zahl der Kanäle auf 25 reduziert. Damit kann die Dimensionierung der Empfänger PLL-Schaltung vorgenommen werden.

Als Störabstand am Eingang eines jeden Empfängers läßt sich ansetzen:

$$SNR_{in} = \frac{P_s}{P_n}\,. \tag{90}$$

Da alle Kanäle einen Rauschbeitrag liefern, ist

$$P_n = 24\,P_s.$$

Damit wird

$$SNR_{in} = \frac{P_s}{24\,P_s} = 0{,}042.$$

Aus der Forderung, daß am Ausgang des PLL der Störabstand (SNR_{out}) mindestens 4 betragen muß, errechnet sich die maximal zulässige Rauschbandbreite aus:

$$B_L = \frac{SNR_{in}}{SNR_{out}}\,\frac{B_i}{2} = \frac{0{,}042}{4}\cdot\frac{1500}{2} \cong 7{,}8\ \text{Hz}. \tag{91}$$

Hier ist B_i die Kanalbandbreite = 1500 Hz.

Für $\zeta = 0{,}7$ (optimale Dämpfung) wird B_L aus Gl. (83):

$$B_L = 0{,}53\,\omega_N.$$

Daraus errechnet sich ω_N des PLL

$$\omega_N \cong \frac{7{,}8}{0{,}53} = 14{,}7\ \text{Hz}.$$

Die Berechnung des Fangbereiches hängt nun ab von der Wahl des Schleifenfiltertypes. Es soll hier der Typ 2 (s. Anhang) gewählt werden.

Hierfür berechnet sich der Fangbereich $\Delta\omega_F$:

$$\Delta\omega_F \sim 2\zeta\omega_N = 1{,}4\ \omega_N \cong 1{,}4 \cdot 14{,}7\ \text{Hz} \cong 20{,}6\ \text{Hz bzw. } \Delta_F \cong 3{,}3\ \text{Hz}.$$

Unter der Annahme symmetrischer Wobbelung der Trägerfrequenz kann der maximale Wobbelhub 6,6 Hz = $2\Delta_F = \Delta F$ betragen. Aus Sicherheitsgründen wird er nur zu 5 Hz gewählt. Der Modulationsindex beträgt dann

$$\eta = \frac{\Delta F}{f_{mod}} = \frac{5}{25} = 0{,}2 \ll 1,$$

d.h. es liegt echte Schmalband-FM vor.

Die Größe des Haltebereiches ist noch aus der Überlegung festzulegen, daß der einzelne PLL nicht auf den Nachbarkanal einrasten soll. Auf unser Beispiel übertragen, heißt das:

$$\Delta f_H < 60\ \text{Hz} \quad \text{bzw.} \quad \Delta\omega_H < \frac{377}{s}.$$

Als geeigneter PLL-Typ wurde der Typ XR-215 der Firma EXAR [19] ausgewählt.

Durch Einschaltung eines Kondensators C_0 zwischen die Anschlüsse 13 und 14 und mit R_x als veränderbarer Widerstand an Anschluß 10 läßt sich die Mittenfrequenz einregeln.

Bild 70 zeigt den Baustein als Sender; PD und Schleifenfilter werden in diesem Fall nicht verwendet. Der Frequenzhub von $\Delta F = 5$ Hz wird durch R_v eingestellt.

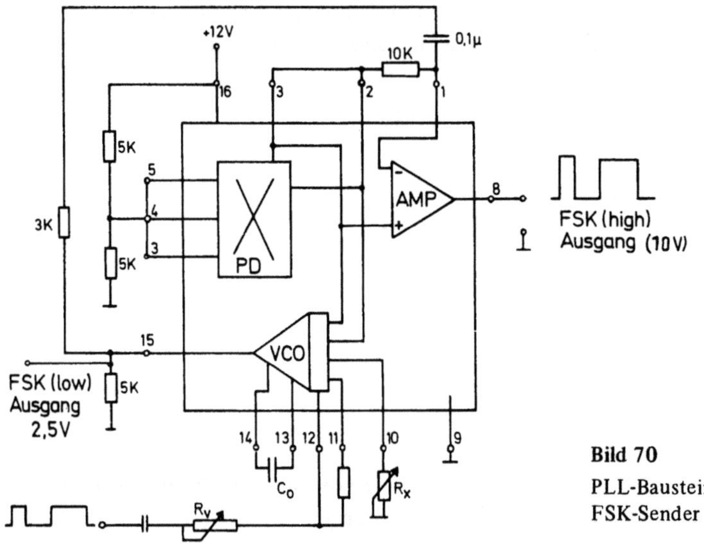

Bild 70

PLL-Baustein XR-215 als FSK-Sender

Die Berechnung der Filterelemente des Empfängers PLL geht von folgender Überlegung aus: Da bekanntlich $\Delta\omega_H = K_0 K_p$ ist, muß K_0 so eingestellt werden, daß der Wert $\Delta\omega_H < 377/s$ nicht überschritten wird. Aus den Firmenunterlagen für K_0 entnimmt man:

$$K_0 \approx \frac{700}{C_0 R_0} \quad \frac{\text{rad}}{\text{s} \cdot \text{V}} \tag{92}$$

hierbei soll R_0 im Bereich 1–10 k liegen. C_0 wird aus der Formel:

$$C_0 = \frac{200}{f_0} \left(1 + \frac{0{,}6}{R_x}\right) \tag{93}$$

ermittelt. Unser Beispiel soll für eine Kanalfrequenz von

$$f_0 = 900 \text{ Hz}$$

gelten. Mit $R_x = 500$ Ohm = 0,5 k, ergibt sich für C_0 aus Gl. (93)

$$C_0 = \frac{200}{900} \left(1 + \frac{0{,}6}{0{,}5}\right) = 0{,}27\ \mu\text{F}.$$

Wird $R_0 = 5$ k gewählt, so wird K_0 aus Gl. (92):

$$K_0 = \frac{700}{0{,}27 \cdot 5} = \frac{518}{\text{s}} \frac{\text{rad}}{\text{V}}.$$

Mit K_p (K_d im Prospekt) = 0,3 V/rad und mit U_{in} = 4 mV (aus Datenblattkurve) wird $\omega_H = K_0 K_p$

$$\omega_H = \frac{518}{\text{s}} \cdot \frac{0{,}3\ \text{V}}{\text{rad}} \cdot \frac{\text{rad}}{\text{V}} = \frac{155}{\text{s}} < \frac{377}{\text{s}}.$$

Die Zeitkonstante erhält man für diesen passiven Filtertyp aus [7]:

$$\tau_1 + \tau_2 = \frac{K_0 K_p}{\omega_N^2} = \frac{155}{\text{s} \cdot 14{,}7^2} \text{s}^2 \cong 0{,}72 \text{ s}. \tag{94}$$

Aus

$$\zeta = \frac{1}{2} \sqrt{\frac{K_0 K_p}{\tau_1 + \tau_2}} \left(\tau_2 + \frac{1}{K_0 K_p}\right) \tag{95}$$

berechnet sich τ_2 zu

$$\tau_2 = \frac{2\zeta}{\omega_N} - \frac{1}{K_0 K_p} = \frac{1{,}4}{14{,}7} - \frac{1}{155} \cong 0{,}089 \text{ s}.$$

Damit wird:

$$\tau_1 = 0{,}72 - 0{,}089 = 0{,}631\ \text{s}.$$

Aus

$$\tau_1 = R_1\,C$$

berechnet sich mit dem im PLL integrierten Widerstand $R_1 = 6$ k

$$C = \frac{0{,}631}{6 \cdot 10^3} \cong 105\ \mu\text{F} \sim 100\ \mu\text{F}$$

Gewählt

$$R_2 = \frac{\tau_2}{C} = \frac{0{,}089}{1{,}05 \cdot 10^{-4}} \cong 850\ \Omega.$$

Das Blockdiagramm in Bild 71 zeigt den XR-215 mit den berechneten Filterelementen als FSK-Empfänger.

Bild 72 zeigt das Prinzip für eine 2-Kanal-FSK-Übertragung für 900 Hz und 840 Hz.

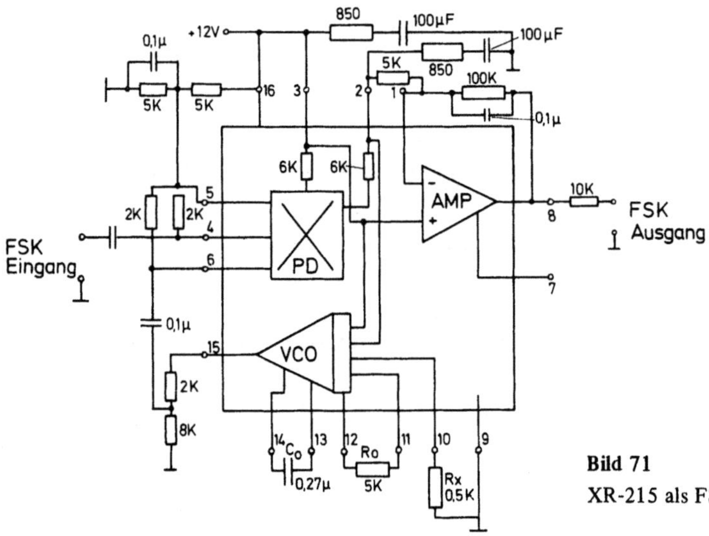

Bild 71
XR-215 als FSK-Demodulator

2.2.5 PLL als Phasenschieber in der Meßtechnik

Im letzten Abschnitt des Kapitels soll noch auf einige interessante Anwendungen der PLL-Schaltung aus dem Bereich der Meßtechnik eingegangen werden. Hierbei

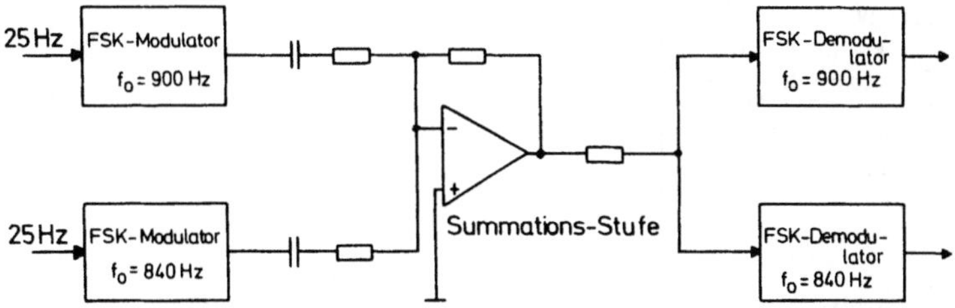

Bild 72 2-Kanal-FSK-Übertragung mit PLL-Bausteinen nach Bild 70 und Bild 71

kommt dem PLL als Phasenschieber eine entscheidende Rolle zu. Als Präzisionsphasenschieber hat er in hochwertigen Meßgeräten Eingang gefunden. Im Gegensatz zu Phasenschiebern, die mit RC-Gliedern aufgebaut sind, lassen sich mit PLL-Schaltungen *Präzisionsphasenschieber für 90°* bauen, die diesen Wert über einen größeren Frequenzbereich konstant halten. Erinnern wir uns immer wieder an den wichtigen Zusammenhang, daß beim linearen PLL im eingerasteten Zustand die Phasenverschiebung zwischen Ein- und Ausgangssignal 90° beträgt; in diesem Fall schwingt der VCO auf seiner Mittenfrequenz. Bei Verwendung eines Aktivfilters als Schleifenfilter läßt sich dieser Zustand über den gesamten Haltebereich exakt erzielen. Dieses setzt allerdings voraus, daß der PD ideal linear arbeitet. Da das bei gewöhnlichen PLL-Bausteinen nicht immer erfüllt ist, empfiehlt es sich, parallel zum Eingang des PD einen Präzisions-Multiplier mit nachgeschaltetem Integrator, zu schalten und dessen Ausgangsspannung in einer Summationsstufe mit der aus dem Schleifenfilter kommenden Regelspannung zu überlagern. Der Integrator verändert dann die Nachführspannung so, daß exakt 90° erreicht werden.

Bild 73 zeigt das Blockschaltbild dieser Anordnung. Als Multiplier ist hier der Typ CD 4016 und als PLL der Typ CD 4046 (RCA) eingesetzt.

Die Erkennung von Phasendifferenzen, was ja das Grundprinzip des PLL ist, kann mit großer Genauigkeit zur Messung von *Phasenwinkeln* zwischen 2 Spannungen gleicher Frequenz benutzt werden [33, 34]. Bild 74 zeigt, daß man die Phasendifferenz φ zwischen den beiden sinusförmigen Spannungen auch als Zeitdifferenz t_φ, bezogen auf die gesamte Periodendauer $T_\varphi \mathrel{\hat{=}} 360°$, darstellen kann. Es gilt ja bekanntlich

$$\frac{\varphi}{t_\varphi} = \frac{360°}{T}$$

oder im Bogenmaß ausgedrückt

$$\frac{\varphi}{t_\varphi} = \frac{2\pi}{T}. \qquad (96)$$

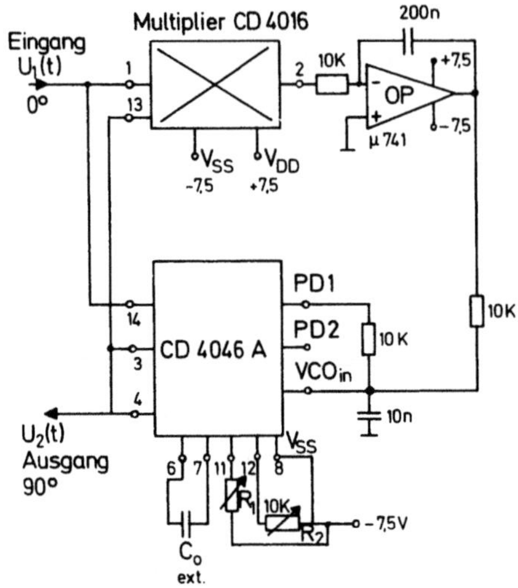

Bild 73
90° Präzisionsphasenschieber in CMOS-Technik

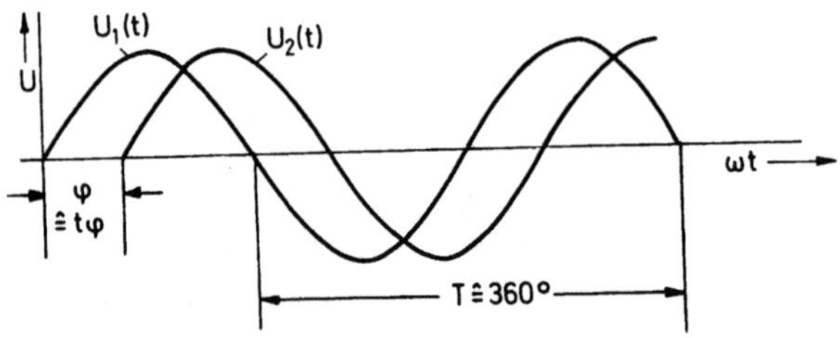

Bild 74 Zusammenhang zwischen Phasenwinkel- und Zeitdifferenz

Wird hierbei das Signal $U_1(t)$ mit f_1 als Bezugsfrequenz gewählt, so besteht die Aufgabe des Phasenmessers darin, die Differenzzeit t_φ zwischen den Nulldurchgängen von $U_1(t)$ und $U_2(t)$ direkt auszuzählen und zur Anzeige zu bringen. Die Zeit t_φ ist dann ein Maß für den Phasenwinkel φ.

Die sog. Zählfrequenz f_z muß bei einer Auflösung von $\varphi = 1° \rightarrow f_z = 360 \cdot f_1$ sein bzw. bei $\varphi = 0{,}1° \rightarrow f_z = 3600 \cdot f_1$ usw. sein. Je höher die Auflösung sein soll, um so höher muß f_z sein.

Die Bildung von f_z aus f_1 erfolgt mit Hilfe einer PLL-Schleife. Das Blockschaltbild in Bild 75 zeigt den grundsätzlichen Aufbau einer derartigen Phasenwinkel-Meßeinrichtung.

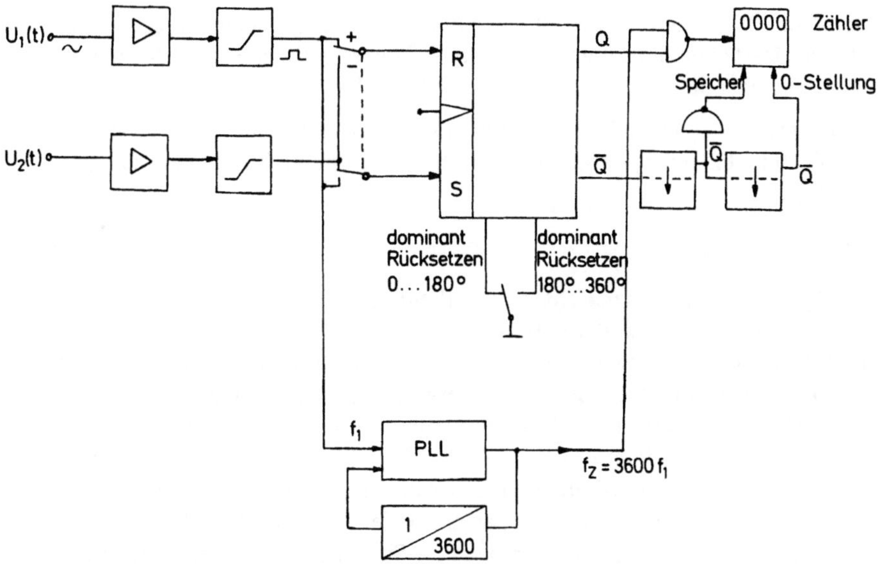

Bild 75 PLL-Phasenwinkelmaß-Anordnung

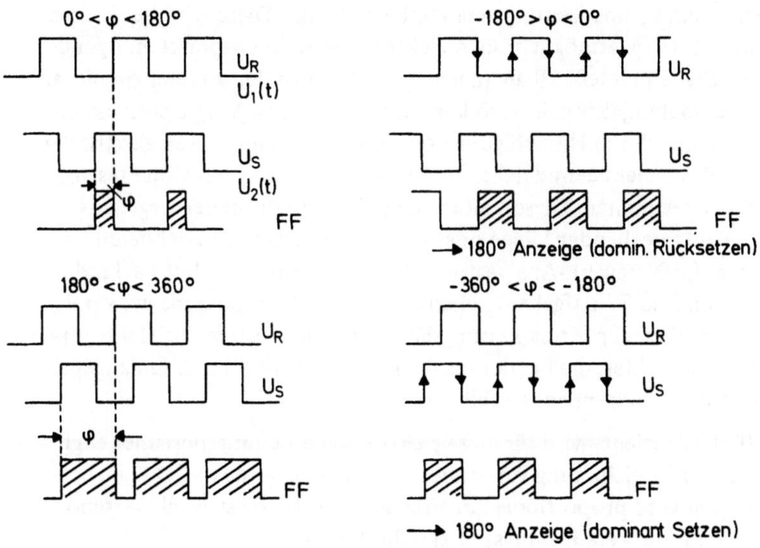

Bild 76 Zählersteuerung durch das RS-Flipflop in der Schaltung nach Bild 75

Wie aus dem Bild zu entnehmen ist, werden die in der Regel sinusförmigen Signale $U_1(t)$ und $U_2(t)$ über entsprechende Schmitt-Trigger in Rechtecksignale umgewandelt und über einen Umschalter einem RS-Flipflop zugeführt.

Die Zählfrequenz f_z entsteht als VCO-Frequenz, wobei diese über den Teiler N (z.B. 3600) im PD mit f_1 verglichen wird. Im eingerasteten Zustand gilt für f_z nach Gl. (67)

$$f_{z\,VCO} = N f_1 . \tag{97}$$

Die Aufgabe des Flipflops besteht in der Erkennung des Winkels φ zwischen $0° < \varphi < 180°$ und $-180° < \varphi < 0°$ sowie $180° < \varphi < 360°$ und $-360° < \varphi < -180°$. Je nach Phasendifferenz zwischen 0 und 360° wird ein verschieden langer Impuls gebildet; Bild 76 zeigt diesen Vorgang bei Verwendung eines RS-Flipflops mit positiver Taktflankensteuerung; bei falscher Meßbereichswahl wird stets 180° angezeigt. Dieser so gebildete Zeitimpuls öffnet in Bild 75 ein Gatter für die Zeit t_φ. Während dieses Zeitraums können f_z-Impulse in den Zähler gelangen. Am Ende des t_φ-Impulses wird der Zählvorgang gestoppt, nachdem der Zählerinhalt in den Zähldekaden steht. Eine gleichzeitige Übernahme in die Speicher-Flipflops ermöglicht eine Umcodierung und Sichtbarmachung über eine Minitronanzeige.

Eine weitere Anwendung des PLL als Phasenschieber findet man in der Höchstfrequenztechnik als sog. veränderbare *elektronische Leitungsposaune.*

Unter einer Leitungsposaune versteht man in der Meßtechnik, vornehmlich in der Höchstfrequenztechnik, eine Leitung veränderbarer Länge. Diese wird bei Phasenmessungen eingesetzt; sie ermöglicht, den elektrischen Referenzpunkt an irgendeine gewünschte Stelle im Meßaufbau zu verlegen. Hat man den Referenzpunkt an den Eingang eines Meßobjekts gelegt, so kann man durch eine Vergleichsmessung im sog. Referenzkanal durch Hinzufügung der Leitungsposaune, deren elektrische Länge gleich der des Objekts entspricht, die Phasenabweichung des Objektes von der linearen Phase bestimmen. Diese Leitungsposaune besteht in der Regel aus Leitungsstücken entsprechender Länge oder aus teleskopartig verschiebbaren Koaxialleitungen. Im Netzwerk-Analysator 8505 A der Firma Hewlett Packard [31] wird eine nach Bild 77 aufgebaute elektronische Leitungsposaune verwendet. Diese soll nach Angaben der Firma Leitungslängen bis zu ± 100 m auf elektronischem Wege simulieren. Meßfehler, die bei der mechanischen Leitung durch fehlangepaßte Leitungsstücke entstehen können, entfallen hier.

Wie man aus Bild 77 ersieht, wird für diese elektronische Leitungsposaune (engl. *line stretcher*) eine PLL-Schaltung verwendet. Die Phasenlage des VCO Signals zum Referenzsignal wird proportional zur Frequenz des HF-Testsignals verschoben, wodurch eine feste Verzögerungszeit simuliert wird.

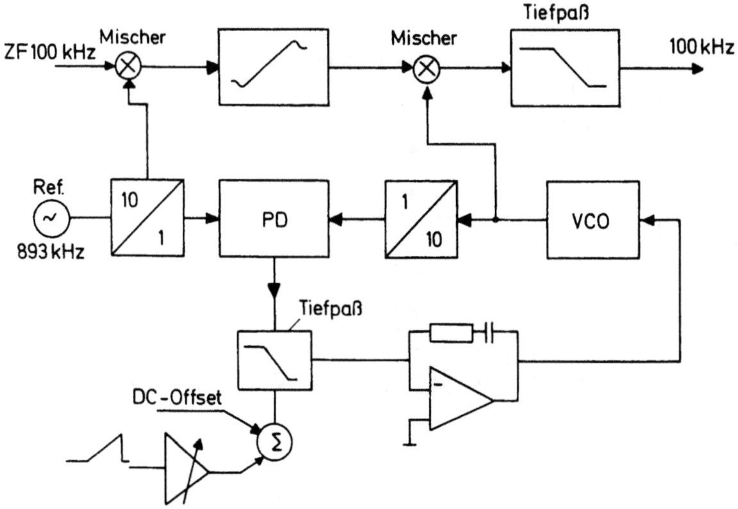

Bild 77 Blockschaltbild einer elektronischen Leitungsposaune

Das Prinzip ist folgendes: Das einfallende ZF-Signal von 100 kHz wird im Mischer 1 mit der Referenzfrequenz von 893 kHz gemischt. Im Seitenbandfilter werden alle Mischprodukte außer jenen der Grundfrequenzen unterdrückt. Danach wird im Mischer 2 das Signal wieder auf 100 kHz heruntergemischt.

Die beiden Oszillatoren (Ref und VCO) sind mit einer gewissen Phasenablage starr verbunden. Die Phasenablage wird im Phasendetektor gemessen; das Ausgangssignal wird wieder in bekannter Weise geglättet und dem Summationspunkt zugeführt.

Zur Summationsstelle gelangt nun eine vom Sägezahn des Wobblers abgeleitete Rampenspannung, die sich der PD-Spannung überlagert. Diese Spannung verändert nun in Abhängigkeit der Rampenspannung die Phasenlage des VCO gegen die Referenzspannung. Je nach Amplitudenhöhe dieser Spannung kann jede gewünschte Leitungslänge innerhalb der oben angegebenen Grenze eingestellt werden. Mit einer zusätzlichen DC-Offset-Spannung kann eine feste Phasenlage vorgegeben werden. Als PD-Typ wird hier Typ 4 (0–360°) eingesetzt.

Zur Erhöhung des Phasenablagebereiches sind Teiler 10 : 1 vor dem PD geschaltet; hierdurch läßt sich der Winkelbereich auf annähernd 3600° = ± 1800° erweitern.

Im weiteren wird der PLL-Phasenschieber auch zur Messung von komplexen Widerständen in sog. Impedanz-Admittanz-Meßgeräten eingesetzt. Das Prinzip ist in Bild 78 dargestellt. Ein durch einen Sägezahngenerator modulierter VCO liefert ein sinusförmiges in der Frequenz veränderliches Signal.

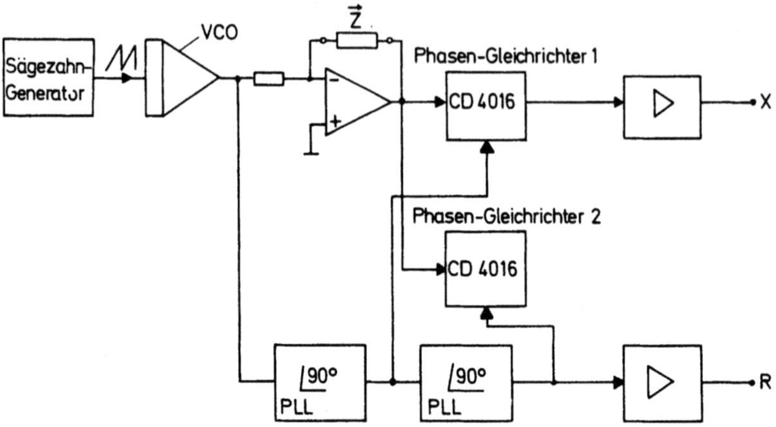

Bild 78 Blockschaltbild zur Messung komplexer Widerstände mit 90°-PLL-Phasenschieber

Ein nachfolgender OP-Verstärker, der als Konstantstromquelle arbeitet, liefert als Ausgangssignal eine Spannung U_Z, die dem komplexen Objekt Z proportional ist.

Den Real-Anteil R erhält man durch phasensensitive Gleichrichtung (z.B. mit Typ CD 4016) dieser Spannung, wobei als Referenzsignal eine mit der VCO-Spannung in Phase liegende Rechteck-Spannung verwendet wird.

Den Imaginäranteil X erhält man durch phasensensitive Gleichrichtung der U_Z-Spannung, wobei aber die Referenzspannung in diesem Fall eine gegenüber dem VCO-Signal um 90° verschobene Rechteckspannung ist. Die beiden Rechteckspannungen erhält man durch eine Reihenschaltung von zwei 90°-Phasenschiebern, deren Aufbau in Bild 73 gezeigt wurde. Am Ausgang des ersten 90°-Phasenschiebers wird die Referenzspannung für den Phasengleichrichter zur Messung der X-Komponente abgenommen. Die Auswertung der Ausgangsspannungen, die als Gleichspannungen auftreten, können direkt zur Anzeige verwendet werden.

Damit soll die Reihe der Anwendungen der PLL-Technik abgeschlossen werden. Im Anhang wird noch auf weitere Applikationen und Literaturstellen hingewiesen.

Anhang

Filtertypen (Tiefpässe)

Typ 1: passiv

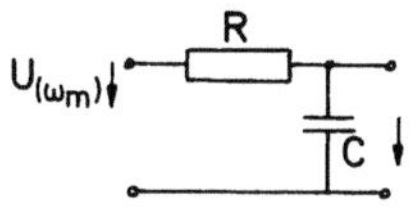

$$H(\omega) = \frac{1}{1 + j\omega RC}$$

$U_2(t)$

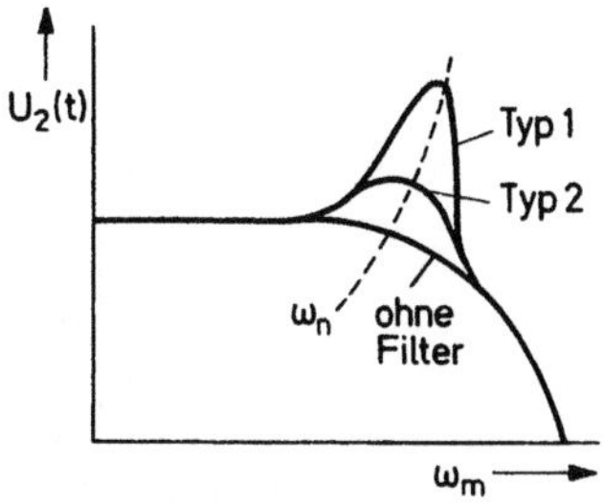

Abhängigkeit des Regelverhaltens vom Filtertyp
ω_m Modulationsfrequenz innerhalb des Haltebereiches

Typ 2: passiv

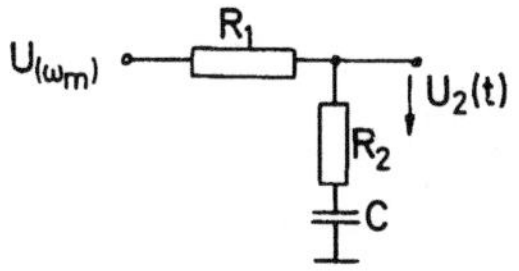

$$H(\omega) = \frac{1 + j\omega R_2 C_2}{1 + j\omega (R_1 C + R_2 C)}$$

Typ 3: aktiv

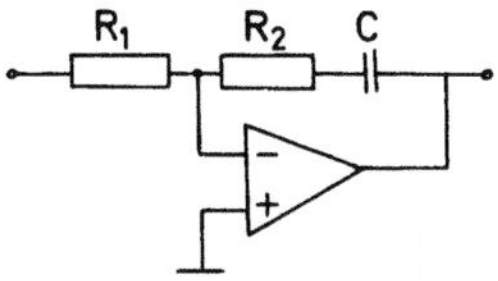

$$H(\omega) = \frac{1 + j\omega R_2 C_2}{j\omega R_1 C}$$

(Hoch-Tiefpaßverhalten)
Polstelle bei $\omega = 0$

Typ 4: aktiv

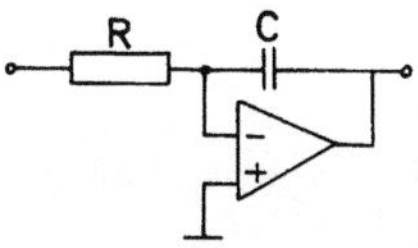

$$H(\omega) = \frac{1}{j\omega RC}$$

PD-Systeme

Kennzeichen der PD-Systeme

Typ 1: linear

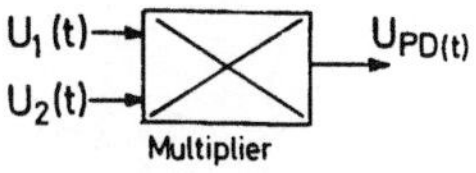

$U_1(t)$ sinusförmiges Signal
$U_2(t)$ sinus- oder rechteckförmiges Signal
$U_{PD}(t)$ sinusförmiger Verlauf bei linearem Betrieb
dreieckförmiger Verlauf bei Übersteuerung
2π-periodisch

Alle Filtertypen verwendbar, nur *phasensensitives* Verhalten.

Typ 2: digital

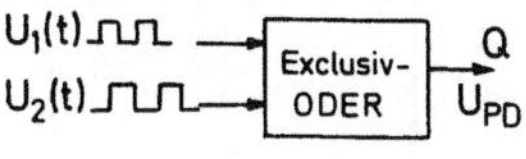

U_{PD}-Änderung über $\pm \pi$, eingeschränkt bei *stark unterschiedlichem* Tastverhältnis von $U_1(t)$ und $U_2(t)$.
Alle Filtertypen verwendbar, nur *phasensensitives* Verhalten.

Typ 3: digital

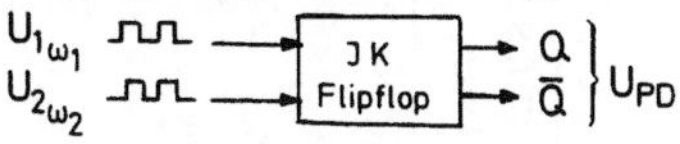

U_{PD}-Änderung über einen linearen Phasenwinkelbereich von $\pm \pi$; schlechte Unterscheidung bei $\omega_1 \approx \omega_2$ in bezug auf $\omega_1 > \omega_2$ oder umgekehrt.

U_{PD} hängt *nicht* vom Tastverhältnis ab, *nur* mit *Filtertyp 3* oder *4* verwendbar; besitzt *phasen- und frequenzsensitives* Verhalten.

Typ 4: digital

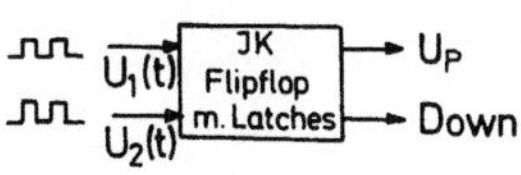

U_{PD}-Änderung über $\pm 2\pi$ Phasenwinkelbereich. Stets exakte Unterscheidung von ω_1 und ω_2 (auch bei nahezu Gleichheit); besitzt *phasen- und frequenzsensitives* Verhalten. *Nur* mit *Filtertyp 3* oder *4* verwendbar.

Begründung: Filtertyp 3 und 4 besitzen bei $\omega = 0$ eine Polstelle, was für die Stabilität der Schleife Voraussetzung ist.

Halte-, Fang- und Ziehbereich der PLL-Schaltungen

	Haltebereich	Fangbereich	Ziehbereich
lineare PLL-Schaltung Typ 1	$\Delta\omega_H = K_p K_v$ mit Passiv-Filter $\Delta\omega_H = \infty$ (theor.) mit Aktiv-Filter	$\Delta\omega_F = \omega_N$ mit Passiv-Filter $\Delta\omega_F = 2\zeta\omega_N$ mit Aktiv-Filter, Typ 2 und 3	$\Delta\omega_P \approx \frac{8}{\pi}\sqrt{\zeta\omega_N K_p K_v - \omega_N^2}$
digitale PLL-Schaltung Typ 2	$\Delta\omega_H = \frac{\pi}{2}\frac{K_v K_p}{N}$ mit Passiv-Filter	$\Delta\omega_F \approx \frac{\pi}{\sqrt{8}}\omega_N$ Filter ohne Nullstelle $\Delta\omega_F \approx \pi\zeta\omega_N$ Filter mit Nullstelle	$\Delta\omega_P \sim \frac{\pi}{2}\sqrt{\frac{2\zeta\omega_N K_p K_v}{N}}$ mit Aktiv-Filter $\Delta\omega_P \sim \pi\sqrt{\frac{2\zeta\omega_N K_p K_v}{N} - \omega_N^2}$ Passiv-Filter
digitale PLL-Schaltung Typ 3	$\Delta\omega_H \to \infty$ mit Aktiv-Filter $\Delta\omega_H = \pi\frac{K_v K_p}{N}$ mit Passiv-Filter	$\Delta\omega_F \approx 2\pi\zeta\omega_N$ Filter mit Nullstelle $\Delta\omega_F \approx \frac{\pi}{\sqrt{3}}\omega_N$ Filter ohne Nullstelle	$\Delta\omega_P \approx \pi\sqrt{\frac{2\zeta\omega_N K_p K_v}{N}}$ mit Aktiv-Filter
digitale PLL-Schaltung Typ 4	$\Delta\omega_H \to \infty$	nicht definiert	$\Delta\omega_P \to \infty$

Tabelle zur Berechnung der Seitenbandamplituden des VCO

t_i/T %	mV	t_i/T %	mV
0,1	1,2	1,0	12,0
0,2	2,4	2,0	24,0
0,3	3,6	3,0	35,9
0,4	4,8	4,0	47,9
0,5	6,0	5,0	59,8
0,6	7,2	6,0	71,6
0,7	8,4	7,0	83,3
0,8	9,6	8,0	95,0
0,9	10,8	9,0	106,6
		10,0	118,0

Allgemeine Begriffe der PLL-Technik

1. ω_n = charakteristische Schleifenfrequenz.
   Man versteht darunter die Frequenz einer gedämpften Schwingung, mit der der PLL nach einer Störung in einen Gleichgewichtszustand übergeht. Sie hängt von der Schleifenverstärkung und vom Typ des Schleifenfilters ab (siehe Formeln und Aufbau). Bei abnehmender Schleifendämpfung kommt es bei niedrigen Modulationsfrequenzen im Bereich von ω_n zu Regelschwingungen.
2. *Fangbereich (Lock-in Range)* = begrenzter Frequenzbereich bei linearem und digitalen PLL, außer bei PD-Typ 4, in dem es zur Synchronisation mit der Referenzfrequenz kommt.
3. *Haltebereich (Hold-in Range)* = Frequenzbereich innerhalb dessen die Synchronisation bestehen bleibt (auch Tracking range genannt).
4. *Dämpfungskonstante:* Sie bestimmt bei einem System 2. Ordnung die Größe der Sprungantwort (Überschwingen) bei einer Momentanänderung der Eingangsfrequenz.
5. *Tiefpaßfilter (Schleifenfilter):* Es bestimmt maßgeblich die Einschwingzeit und Stabilität der PLL; bei den PD-Typen 3 und 4 muß es vom Typ 3 bzw. 4 als aktives Filter ausgebildet sein. Beim linearen PLL bestimmt es das Rausch- und Einrastverhalten.
6. *PD-Gewinnfaktor:* $K_p = \frac{\Delta U_a}{\Delta\varphi} \left(\frac{V}{rad}\right)$ Phasenregelsteilheit $U_{PD} = f(\Delta\varphi)$
7. *VCO-Regelsteilheit* $K_v = \frac{\Delta F}{\Delta U}$ (rad/V/s)

Applikationen

Phase-Frequency Detector (Motorola)

MC4344F,L* **MC4044F,L,P*** Compatible with all MTTL and MDTL families.

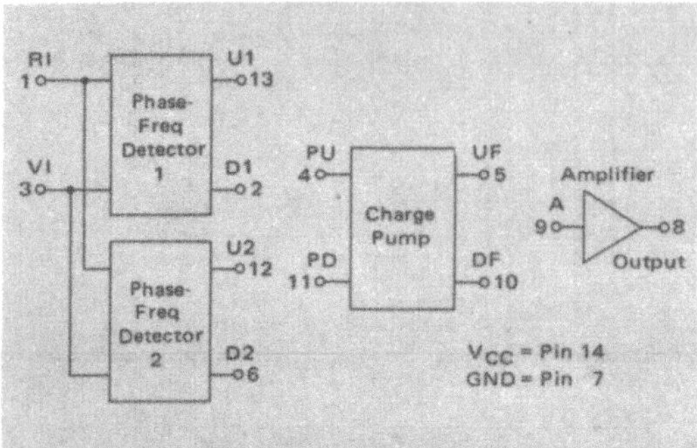

Input Loading Factor: RI, VI = 3
Output Loading Factor (Pin 8) = 10
Total Power Dissipation = 85 mW typ/pkg
Propagation Delay Time = 9.0 ns typ
(thru phase detector)

This device contains two digital phase detectors and a charge pun circuit which converts MTTL inputs to a dc voltage level for use frequency discrimination and phase-locked-loop applications.

The two phase detectors have common inputs. Phase-frequency d tector 1 is locked in (indicated by both outputs high) when the negati transitions of the variable input (VI) and reference input (RI) are equ in frequency and phase. If the variable input is lower in frequency lags in phase, the U1 (up) output goes low; conversely the D1 (dow output goes low when the variable input is higher in frequency or lea the reference input in phase. It is important to note that the duty cyc of the variable input and the reference input are not important sin negative transitions control system operation.

Phase detector 2, on the other hand, is locked in when the variab input phase lags the reference phase by 90° (indicated by the U2 and D outputs alternately going low with equal pulse widths). If the variab input phase lags by more than 90°, U2 will remain low longer than D and, conversely, if the variable input phase lags the reference phase less than 90°, D2 remains low longer. In this phase detector the variab input and the reference must have 50% duty cycles.

The charge pump accepts the phase detector outputs (U1 or U applied to PU, and D1 or D2 applied to PD) and converts them to fix amplitude positive and negative pulses at the UF and DF outputs respe tively. These pulses are applied to a lag-lead active filter, which incorp rates external components, as well as the amplifier provided in t MC4344/4044 circuit. The filter provides a dc voltage proportional the phase error.

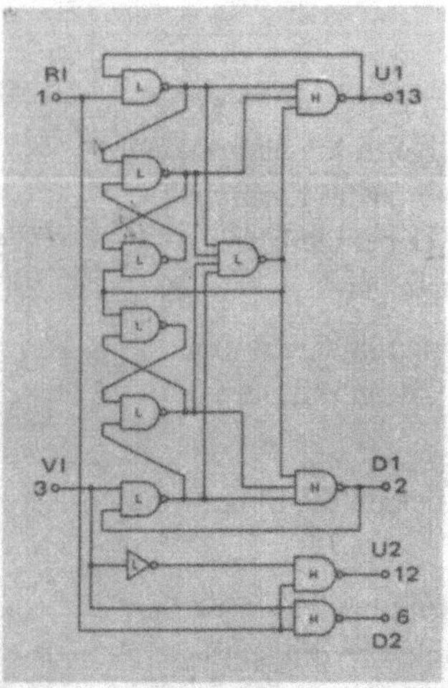

PHASE DETECTOR

The phase detector portion of this device is constructed using low and high-level gates interconnected as shown by the logic diagram.

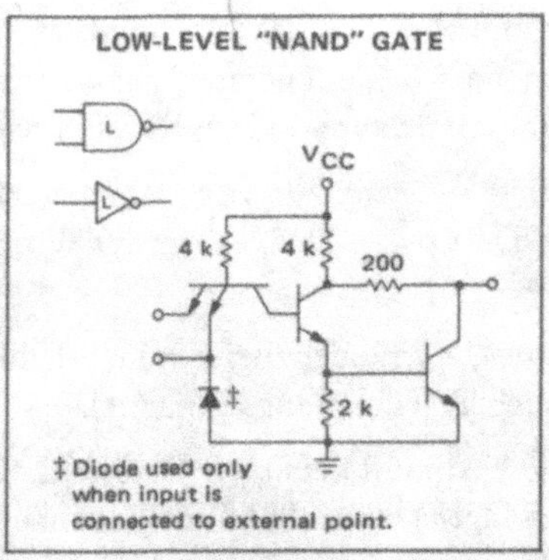

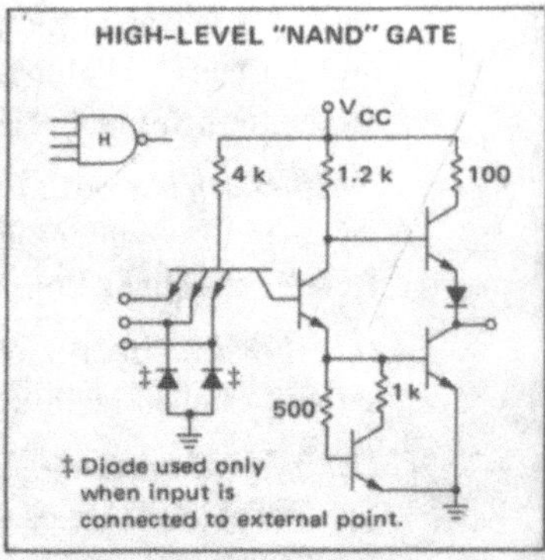

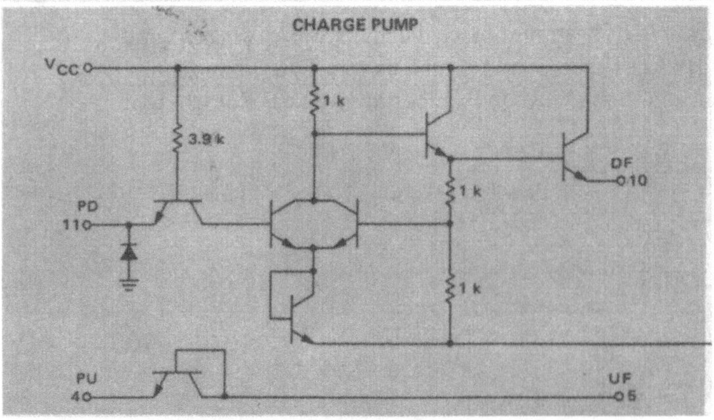

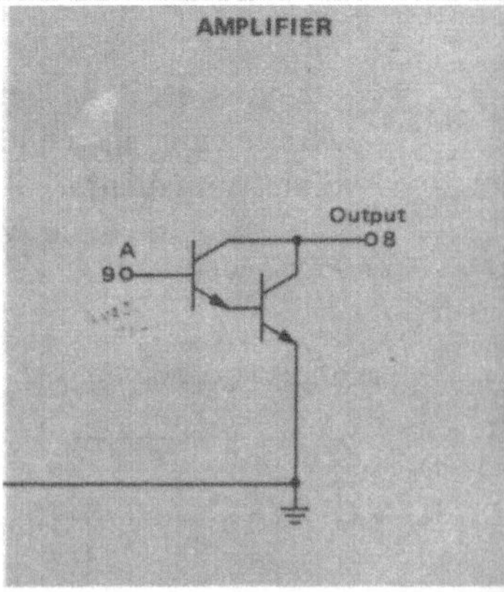

*F suffix = TO-86 ceramic flat package (Case 607).
L suffix = TO-116 ceramic dual in-line package (Case 632).
P suffix = TO-116 plastic dual in-line package (Case 605).

INPUT STATE	INPUT RI	INPUT VI	OUTPUT U1	OUTPUT D1	OUTPUT U2	OUTPUT D2
1	0	0	X	X	1	1
2	1	0	X	X	0	1
3	1	1	X	X	1	0
4	1	0	X	X	0	1
5	0	0	X	X	1	1
6	1	0	X	X	0	1
7	0	0	X	X	1	1
8	1	0	X	X	0	1
9	0	0	0	1	1	1
10	0	1	0	1	1	1
11	0	0	1	1	1	1
12	0	1	1	1	1	1
13	0	0	1	0	1	1
14	0	1	1	0	1	1
15	0	0	1	0	1	1
16	1	0	1	0	0	1
17	0	0	1	1	1	1

TRUTH TABLE

This is not strictly a functional truth table; i.e., it does not show all possible modes of operation. It is useful for dc testing.

1. X indicates output state unknown.
2. U1 and D1 outputs are sequential; i.e., they must be sequenced in order shown.
3. U2 and D2 outputs are combinational; i.e., they need only inputs shown to obtain outputs.

LECTRICAL CHARACTERISTICS

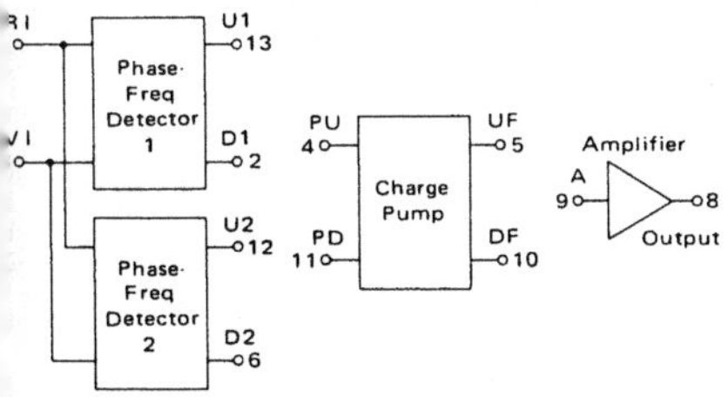

TEST CURRENT/VOLTAGE VALUES (mA: I_{OL} … I_A; Volts: V_{IL} … V_{CCH})

Device	@ Test Temperature	I_{OL}	I_{OH1}	I_{OH2}	I_{in}	I_D	I_A	V_{IL}	V_{IH}	V_F	V_R	V_{RH}	V_{out}	V_{CC}	V_{CCL}	V_{CCH}
MC4344	-55°C	20	-1.6	-1.0	–	–	0.002	1.1	2.0	0.4	2.4	4.5	1.5	5.0	4.5	5.5
MC4344	+25°C	20	-1.6	-1.0	1.0	-10	0.002	1.1	1.8	0.4	2.4	4.5	1.5	5.0	4.5	5.5
MC4344	+125°C	20	-1.6	-1.0	–	–	0.002	0.9	1.8	0.4	2.4	4.5	1.5	5.0	4.5	5.5
MC4044	0°C	20	-1.6	-1.0	–	–	0.002	1.1	2.0	0.4	2.5	4.5	1.5	5.0	4.75	5.25
MC4044	+25°C	20	-1.6	-1.0	1.0	-10	0.002	1.1	1.8	0.4	2.5	4.5	1.5	5.0	4.75	5.25
MC4044	+75°C	20	-1.6	-1.0	–	–	0.002	0.9	1.8	0.4	2.5	4.5	1.5	5.0	4.75	5.25

Characteristic	Symbol	Pin Under Test	MC4344 Test Limits -55°C Min	-55°C Max	+25°C Min	+25°C Max	+125°C Min	+125°C Max	MC4044 Test Limits 0°C Min	0°C Max	+25°C Min	+25°C Max	+75°C Min	+75°C Max	Unit	TEST CURRENT/VOLTAGE APPLIED TO PINS LISTED BELOW: I_{OL}	I_{OH1}	I_{OH2}	I_{in}	I_D	I_A	V_{IL}	V_{IH}	V_F	V_R	V_{RH}	V_{out}	V_{CC}	V_{CCL}	V_{CCH}	Pulse 1	Gnd
Input																																
Forward Current	I_F	1	–	-4.8	–	-4.8	–	-4.8	–	-4.8	–	-4.8	–	-4.8	mAdc	–	–	–	–	–	–	–	–	1	–	–	–	–	–	14	–	7
		3	–	-4.8	–	-4.8	–	-4.8	–	-4.8	–	-4.8	–	-4.8	↓	–	–	–	–	–	–	–	–	3	–	–	–	–	–	↓	–	↓
		11	–	-1.6	–	-1.6	–	-1.6	–	-1.6	–	-1.6	–	-1.6		–	–	–	–	–	–	–	–	11	–	–	–	–	–		–	
Leakage Current	I_R	1	–	120	–	120	–	120	–	120	–	120	–	120	µAdc	–	–	–	–	–	–	–	–	–	1	–	–	–	–	14	–	7
		3	–	120	–	120	–	120	–	120	–	120	–	120	↓	–	–	–	–	–	–	–	–	–	3	–	–	–	–	14	–	7
		4	–	5.0	–	5.0	–	5.0	–	5.0	–	5.0	–	5.0		–	–	–	–	–	–	–	–	–	–	–	–	–	–	4	–	5,7
		11	–	40	–	40	–	40	–	40	–	40	–	40		–	–	–	–	–	–	–	–	–	11	–	–	–	–	14	–	7
Breakdown Voltage	BV_{in}	1	–	–	5.5	–	–	–	–	–	5.5	–	–	–	Vdc	–	–	–	1	–	–	–	–	–	–	–	–	–	–	14	–	7
		3	–	–	↓	–	–	–	–	–	↓	–	–	–	↓	–	–	–	3	–	–	–	–	–	–	–	–	–	–	↓	–	↓
		11	–	–		–	–	–	–	–		–	–	–		–	–	–	11	–	–	–	–	–	–	–	–	–	–		–	
Clamp Voltage	V_D	1	–	–	–	-1.5	–	–	–	–	–	-1.5	–	–	Vdc	–	–	–	–	1	–	–	–	–	–	–	–	–	14	–	–	7
		3	–	–	–	-1.5	–	–	–	–	–	-1.5	–	–	Vdc	–	–	–	–	3	–	–	–	–	–	–	–	–	14	–	–	7
Output (Note 1)																																
Output Voltage	V_{OH}	6	2.4	–	2.4	–	2.4	–	2.5	–	2.5	–	2.5	–	Vdc	–	6	–	–	–	–	1,3	–	–	–	–	–	–	14	–	–	7
		12	2.4	–	2.4	–	2.4	–	2.5	–	2.5	–	2.5	–	Vdc	–	12	–	–	–	–	1,3	–	–	–	–	–	–	14	–	–	7
	**	–	–	–	–	–	–	–	–	–	–	–	–	–	–	–	–	–	–	–	–	3	1	–	–	–	–	–	14	–	–	7
	V_{OL}	6		0.4	–	0.4	–	0.4	–	0.4	–	0.4	–	0.4	Vdc	6	–	–	–	–	–	–	1,3	–	–	–	–	–	14	–	–	7
	V_{OH}	12	2.4	–	2.4	–	2.4	–	2.5	–	2.5	–	2.5	–	Vdc	–	12	–	–	–	–	–	1,3	–	–	–	–	–	14	–	–	7
	**	–	–	–	–	–	–	–	–	–	–	–	–	–	Vdc	–	–	–	–	–	–	3	1	–	–	–	–	–	14	–	–	7
	**	–	–	–	–	–	–	–	–	–	–	–	–	–	Vdc	–	–	–	–	–	–	1,3	–	–	–	–	–	–	14	–	–	7
	V_{OH}	6	2.4	–	2.4	–	2.4	–	2.5	–	2.5	–	2.5	–	Vdc	–	6	–	–	–	–	3	1	–	–	–	–	–	14	–	–	7
	V_{OL}	12	–	0.4	–	0.4	–	0.4	–	0.4	–	0.4	–	0.4	Vdc	12	–	–	–	–	–	3	1	–	–	–	–	–	14	–	–	7
	**	–	–	–	–	–	–	–	–	–	–	–	–	–	–	–	–	–	–	–	–	1,3	–	–	–	–	–	–	14	–	–	7
	**	–	–	–	–	–	–	–	–	–	–	–	–	–	–	–	–	–	–	–	–	3	1	–	–	–	–	–	14	–	–	7
	V_{OH}	2	2.4	–	2.4	–	2.4	–	2.5	–	2.5	–	2.5	–	Vdc	–	2	–	–	–	–	1,3	–	–	–	–	–	–	14	–	–	7
	V_{OL}	13	–	0.4	–	0.4	–	0.4	–	0.4	–	0.4	–	0.4	Vdc	13	–	–	–	–	–	1,3	–	–	–	–	–	–	14	–	–	7
	V_{OH}	2	2.4	–	2.4	–	2.4	–	2.5	–	2.5	–	2.5	–	Vdc	–	2	–	–	–	–	1	3	–	–	–	–	–	14	–	–	7
	V_{OL}	13	–	0.4	–	0.4	–	0.4	–	0.4	–	0.4	–	0.4	Vdc	13	–	–	–	–	–	1	3	–	–	–	–	–	14	–	–	7
	V_{OH}	2	2.4	–	2.4	–	2.4	–	2.5	–	2.5	–	2.5	–	Vdc	–	2	–	–	–	–	1,3	–	–	–	–	–	–	14	–	–	7
		13	2.4	–	2.4	–	2.4	–	2.5	–	2.5	–	2.5	–	Vdc	–	13	–	–	–	–	1,3	–	–	–	–	–	–	14	–	–	7
	V_{OH}	2	2.4	–	2.4	–	2.4	–	2.5	–	2.5	–	2.5	–	Vdc	–	2	–	–	–	–	1	3	–	–	–	–	–	14	–	–	7
		13	2.4	–	2.4	–	2.4	–	2.5	–	2.5	–	2.5	–	Vdc	–	13	–	–	–	–	1	3	–	–	–	–	–	14	–	–	7
	V_{OL}	2	–	0.4	–	0.4	–	0.4	–	0.4	–	0.4	–	0.4	Vdc	2	–	–	–	–	–	1,3	–	–	–	–	–	–	14	–	–	7
	V_{OH}	13	2.4	–	2.4	–	2.4	–	2.5	–	2.5	–	2.5	–	Vdc	–	13	–	–	–	–	1,3	–	–	–	–	–	–	14	–	–	7
	V_{OL}	2	–	0.4	–	0.4	–	0.4	–	0.4	–	0.4	–	0.4	Vdc	2	–	–	–	–	–	1	3	–	–	–	–	–	14	–	–	7
	V_{OH}	13	2.4	–	2.4	–	2.4	–	2.5	–	2.5	–	2.5	–	Vdc	–	13	–	–	–	–	1	3	–	–	–	–	–	14	–	–	7
	V_{OL}	2	2.4	–	2.4	–	2.4	–	2.5	–	2.5	–	2.5	–	Vdc	2	–	–	–	–	–	1,3	–	–	–	–	–	–	14	–	–	7
	V_{OH}	13	2.4	–	2.4	–	2.4	–	2.5	–	2.5	–	2.5	–	Vdc	–	13	–	–	–	–	1,3	–	–	–	–	–	–	14	–	–	7
	V_{OL}	2	2.4	–	2.4	–	2.4	–	2.5	–	2.5	–	2.5	–	Vdc	2	–	–	–	–	–	3	1	–	–	–	–	–	14	–	–	7
	V_{OH}	13	2.4	–	2.4	–	2.4	–	2.5	–	2.5	–	2.5	–	Vdc	–	13	–	–	–	–	3	1	–	–	–	–	–	14	–	–	7
	V_{OH}	2	2.4	–	2.4	–	2.4	–	2.5	–	2.5	–	2.5	–	Vdc	–	2	–	–	–	–	1,3	–	–	–	–	–	–	14	–	–	7
		13	2.4	–	2.4	–	2.4	–	2.5	–	2.5	–	2.5	–	Vdc	–	13	–	–	–	–	1,3	–	–	–	–	–	–	14	–	–	7
Short-Circuit Current	I_{SC}	2	-20	-65	-20	-65	-20	-65	-20	-65	-20	-65	-20	-65	mAdc	–	–	–	–	–	–	3	1	–	–	–	–	–	–	–	14	2,7
		6	↓	↓	↓	↓	↓	↓	↓	↓	↓	↓	↓	↓	↓	–	–	–	–	–	–	1,3	–	–	–	–	–	14	–	–	–	6,7
		12														–	–	–	–	–	–	1,3	–	–	–	–	–	↓	–	–	–	7,12
		13														–	–	–	–	–	–	3	1	–	–	–	–		–	–	–	7,13
Leakage Current	I_{OLK}	2	–	250	–	250	–	250	–	250	–	250	–	250	µAdc	–	–	–	–	–	–	3	1	–	–	–	–	14	–	–	–	7
		6	–	↓	–	↓	–	↓	–	↓	–	↓	–	↓	↓	–	–	–	–	–	–	1,3	–	–	–	–	–	↓	–	–	–	↓
		12	–		–		–		–		–		–			–	–	–	–	–	–	1,3	–	–	–	–	–		–	–	–	
		13	–		–		–		–		–		–			–	–	–	–	–	–	3	1	–	–	–	–		–	–	–	
Collector-Emitter Voltage	V_{CE}	5	–	–	0.5	–	–	–	–	–	0.5	–	–	–	Vdc	–	–	–	5	–	–	–	–	–	–	–	–	–	–	–	–	4,7
Output Voltage	V_{EH}	10	1.5	–	1.5	–	1.5	–	1.5	–	1.5	–	1.5	–	Vdc	–	–	10	–	–	–	11	–	–	–	–	–	–	14	–	–	7
Output Current	I_O	8	1.0	–	1.0	–	1.0	–	1.0	–	1.0	–	1.0	–	mAdc	–	–	–	–	–	9	–	–	–	–	–	–	–	–	8	–	7
Leakage Current	I_{OLK}	8	–	120	–	120	–	120	–	120	–	120	–	120	µAdc	–	–	–	–	–	–	–	–	–	–	–	–	–	–	8	–	7,9
		10	–	5.0	–	5.0	–	5.0	–	5.0	–	5.0	–	5.0	µAdc	–	–	–	–	–	–	–	–	–	11	10	–	–	–	14	–	7
Power Requirements (Total Device) Power Supply Drain	I_{PD}	14	–	40	–	40	–	40	–	40	–	40	–	40	mAdc	–	–	–	–	–	–	–	–	–	–	–	–	14	–	–	–	7

te 1. The outputs of the device must be tested by sequencing through the indicated input states according to the truth table and functional diagram. All input, power supply and ground voltages must be maintained between tests unless otherwise noted. Procedures identified by a double asterisk (**) in the Symbol column are necessary to change the state of the sequential logic.

Pulse 1: V_{CCL} → V_{CC} Used to change power supply voltage from previous test.

APPLICATIONS INFORMATION

FIGURE 1 – PHASE-LOCKED, FREQUENCY SYNTHESIZER LOOP

Figure 1 shows the MC4344/4044 in a phase-locked loop with the following features:

1. Zero phase error between the reference frequency and the output of the divide-by-N feedback, achieved because phase-frequency detector 1 locks negative edges in the system;
2. Adjustable channel spacing, achieved by changing the pre-scaling factor (÷ P) when generating the reference frequency
3. Digitally programmed tuning of the output, in multiples of the reference frequency, accomplished by changing N in the divide-by-N chain in the feedback loop.

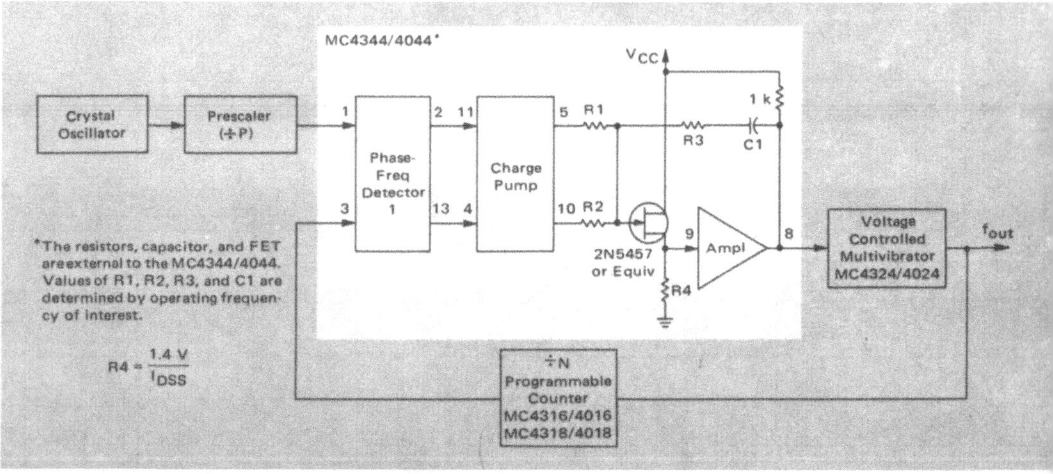

Figure 2 shows phase detector 2 of the MC4344/4044, which operates as a correlation detector, used in a phase-locked loop. There are two differences between this system and that shown in Figure 1. First, the VCM output, when locked in, lags the reference by 90°. Second, since the correlation detector integrates the product of its two inputs over each cycle, it can handle signals in a high-noise environment. This loop is sensitive to harmonics, therefore care must be taken to limit the frequency range of the VCM.

FIGURE 2 – PHASE-LOCKED, CORRELATION DETECTOR LOOP

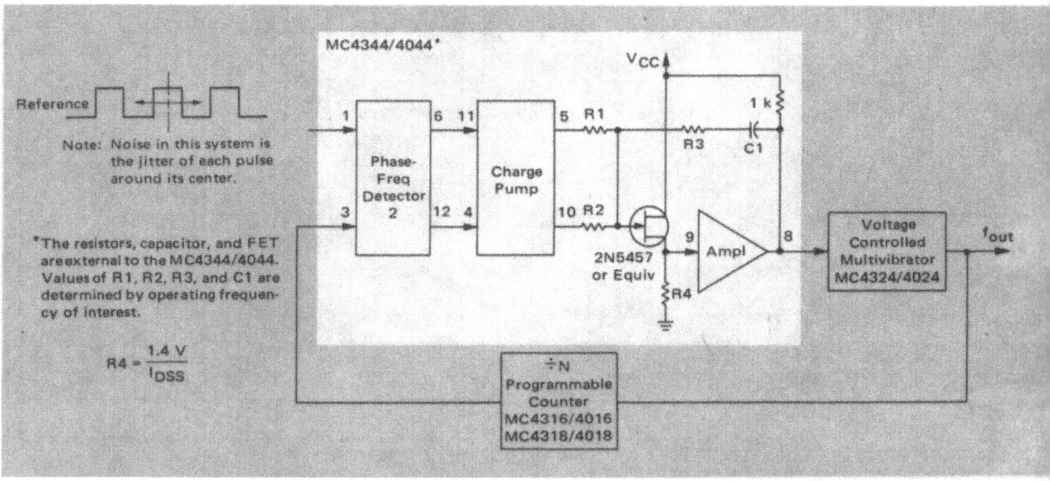

FIGURE 3 – SLAVE CLOCK PULSE GENERATOR

Figure 3 depicts the MC4344/4044 in a system used to generate a slave clock pulse with its negative edge locked to the negative edge of the master clock, but with adjustable pulse width. The pulse width of the slave clock pulse is controlled only by the monostable multivibrator, which is triggered from the negative edge of an input pulse.

The slave clock application is useful when the clock from a master computer must be slaved to that of a satellite.

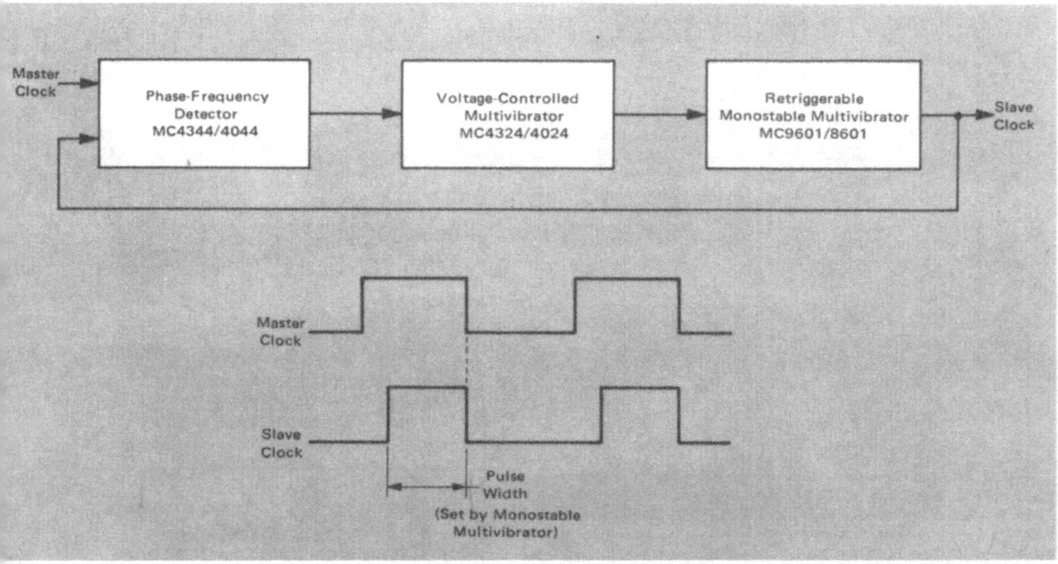

Dual Voltage-Controlled Multivibrator (Motorola)

MC4324F,L* **MC4024F,L,P*** Compatible with all MTTL and MDTL families.

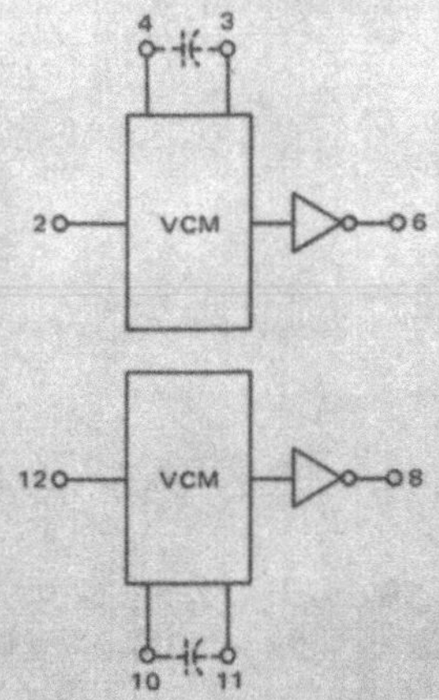

The MC4324/4024 voltage-controlled multivibrat provides appropriate level shifting to produce an ou put compatible with MTTL logic levels. Frequen control is accomplished through the use of voltag variable current sources which control the slew ra of a single capacitor. Variation of the output frequen over a 3.5 to 1 range is possible with an input dc co trol voltage of +1.0 to +5.0 volts.

Voltage-controlled multivibrators are used in phas locked loops for digital frequency control. They ma also be used for some types of A to D converters.

V_{CC}: VCM = 1, 13
Output Buffer = 14
GND: VCM = 5, 9
Output Buffer = 7
External Capacitor for Frequency Range Determination
Output Loading Factor = 7
Power Dissipation = 150 mW typ/pkg
Maximum Operating Frequency = 30 MHz typ

CIRCUIT SCHEMATIC

1/2 OF CIRCUIT SHOWN
(Numbers in brackets are pin numbers for other half.)

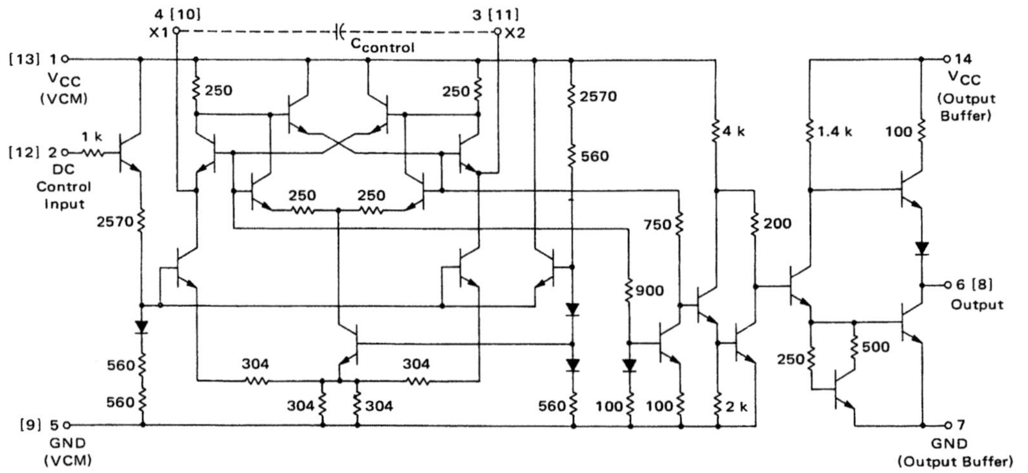

*F suffix = TO-86 ceramic flat package (Case 607).
L suffix = TO-116 ceramic dual in-line package (Case 632).
P suffix = TO-116 plastic dual in-line package (Case 605).

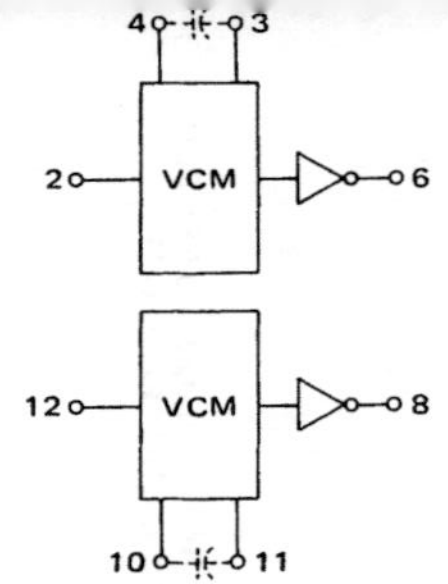

		TEST CURRENT/VOLTAGE VALUES						
		mA			Volts			
	@ Test Temperature	I_{OL1}	I_{OL2}	I_{OH}	V_{IH}	V_{CC}	V_{CCL}	V_{CCH}
MC4324	-55°C	9.8	11.2	-1.6	5.0	5.0	4.5	5.5
	+25°C	9.8	11.2	-1.6	5.0	5.0	4.5	5.5
	+125°C	9.8	11.2	-1.6	5.0	5.0	4.5	5.5
MC4024	0°C	9.8	11.2	-1.6	5.0	5.0	4.75	5.25
	+25°C	9.8	11.2	-1.6	5.0	5.0	4.75	5.25
	+75°C	9.8	11.2	-1.6	5.0	5.0	4.75	5.25

Characteristic	Symbol	Pin Under Test	MC4324 Test Limits -55°C Min	-55°C Max	+25°C Min	+25°C Max	+125°C Min	+125°C Max	MC4024 Test Limits 0°C Min	0°C Max	+25°C Min	+25°C Max	+75°C Min	+75°C Max	Unit	TEST CURRENT/VOLTAGE APPLIED TO PINS LISTED BELOW: I_{OL1}	I_{OL2}	I_{OH}	V_{IH}	V_{CC}	V_{CCL}	V_{CCH}	Gnd
Input Forward Current	I_{in}	2	–	40	–	40	–	40	–	40	–	40	–	40	µAdc	–	–	–	2	–	–	14	5,7,9
		12	–	40	–	40	–	40	–	40	–	40	–	40	µAdc	–	–	–	12	–	–	14	5,7,9
Output Output Voltage	V_{OL}	6	–	0.4	–	0.4	–	0.4	–	0.4	–	0.4	–	0.4	Vdc	6	–	–	2	–	1,4,14	–	5,7,9
		8	–	↓	–	↓	–	↓	–	↓	–	↓	–	↓	↓	8	–	–	12	–	10,13,14	–	↓
		6	–	↓	–	↓	–	↓	–	↓	–	↓	–	↓	↓	–	6	–	2	–	–	1,4,14	↓
		8	–	↓	–	↓	–	↓	–	↓	–	↓	–	↓	↓	–	8	–	12	–	–	10,13,14	↓
	V_{OH}	6	2.4	–	2.4	–	2.4	–	2.5	–	2.5	–	2.5	–	Vdc	–	–	6	2	–	1,3,14	–	5,7,9
		8	2.4	–	2.4	–	2.4	–	2.5	–	2.5	–	2.5	–	Vdc	–	–	8	12	–	11,13,14	–	5,7,9
Short-Circuit Current	I_{SC}	6	-40	-100	-40	-100	-40	-100	-40	-100	-40	-100	-40	-100	mAdc	–	–	–	2	1,3,14	–	–	5,6,7,9
		8	-40	-100	-40	-100	-40	-100	-40	-100	-40	-100	-40	-100	mAdc	–	–	–	12	11,13,14	–	–	5,7,8,9
Power Requirements (Total Device) Power Supply Drain	I_{PD}	1,3,14	–	–	–	37	–	–	–	–	–	37	–	–	mAdc	–	–	–	2,4,10,12	1,13,14	–	–	5,7,9

AC TEST CIRCUIT AND WAVEFORMS

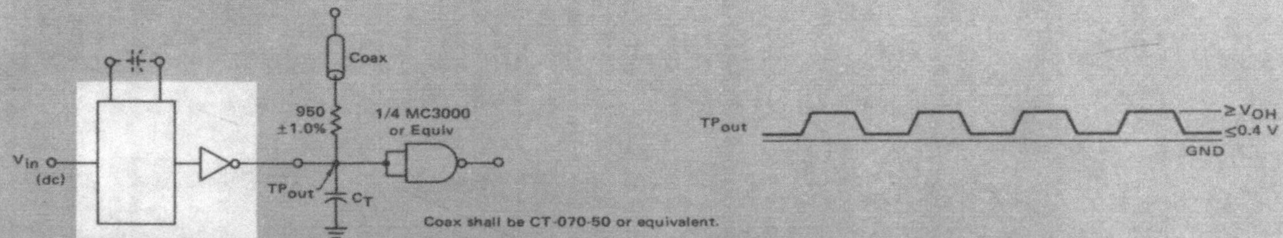

Coax shall be CT-070-50 or equivalent.

C_T = 25 pF = total parasitic capacitance, which includes probe, wiring, and load capacitances.

AC TEST LIMITS

TEST	SYMBOL	CONDITIONS	LIMITS Min
Maximum Operating Frequency	f_{max}	$C_{control}$ = 10 pF, V_{in} = 5.0 Vdc Frequency Ratio = 3.5:1	25 MHz
Ratio of Frequency of Oscillation over Specified Input Voltage Range	$\frac{f_{high}}{f_{low}}$	$C_{control}$ = 100 pF, V_{in} high = 5.0 Vdc, V_{in} low = 1.0 Vdc	3.5:1.0

OPERATING CHARACTERISTICS

The operating frequency range of this multivibrator is controlled by the value of an external capacitor that is connected between X1 and X2. Either of the two equations shown below may be used to define the value of $C_{control}$:

$$C_{control} = \frac{500}{f_{max}}\ \mu F, \quad \text{or} \quad C_{control} = \frac{100}{f_{min}}\ \mu F,$$

with f given in Hz. The maximum operating frequency of this device is typically 30 MHz.

Three power supply and three ground connections are provided in this circuit. Each multivibrator has a separate power supply and ground connection. The output buffers have a common power supply and ground pin. This provides isolation between VCM's and minimizes the effect of output buffer transients on the multivibrators in critical applications. This separation of power supply and ground lines also provides the capability of disabling one VCM by disconnecting its V_{CC} pin. All grounds must always be connected to insure substrate grounding and proper isolation.

The output buffer transforms the logic levels of the VCM to MTTL logic levels.

FIGURE 1 – INPUT VOLTAGE versus OUTPUT FREQUENCY (15 pF FEEDBACK CAPACITOR)

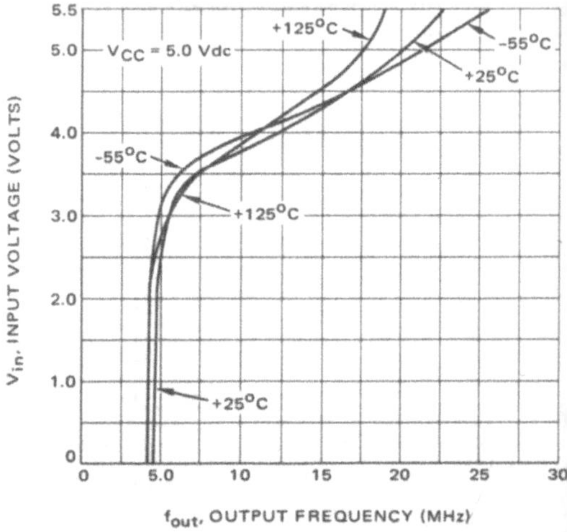

FIGURE 2 – INPUT VOLTAGE versus OUTPUT FREQUENCY (100 pF FEEDBACK CAPACITOR)

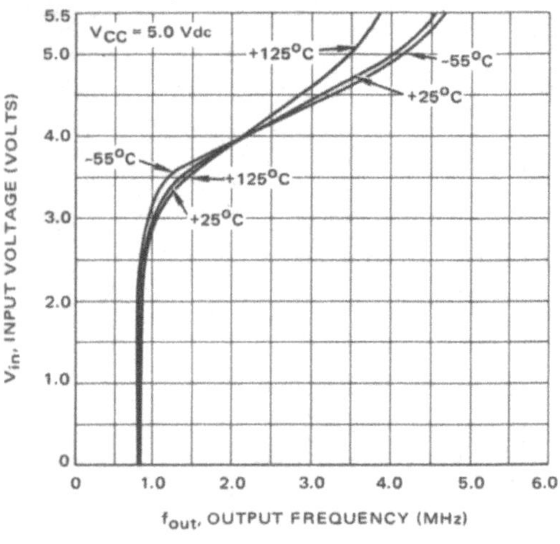

FIGURE 3 – INPUT VOLTAGE versus OUTPUT FREQUENCY (430 pF FEEDBACK CAPACITOR)

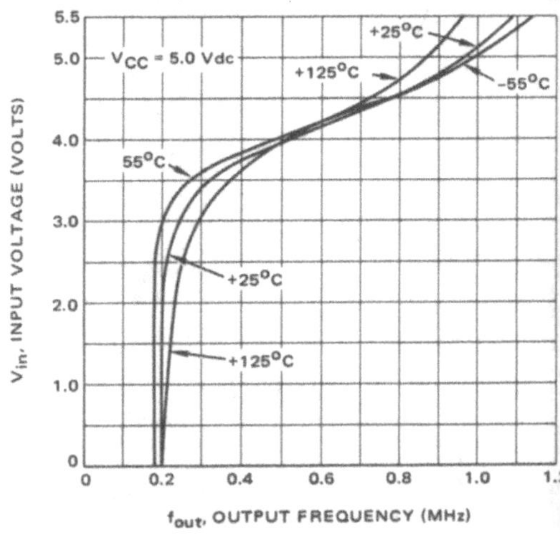

APPLICATIONS INFORMATION

The basic frequency synthesizer loop shown in Figure 4 consists of five basic components: the reference oscillator, the phase detector, the low-pass filter, the voltage controlled multivibrator/oscillator, and the divide by N counter.

This loop achieves a stable state when $f_{VCM} = N\ f_{ref}$. When this condition does not exist the VCM searches through its frequency spectrum until it finds the frequency at which the stable state occurs. At this point the loop locks. This system allows the generation of many discrete frequencies from a single, highly stable source (f_{ref}). A system such as this has many useful applications in communications (frequency control systems), computer systems (for synchronizing data tracks and clocking systems), in instruments (frequency synthesizers and counters) and filter networks.

In addition to its function in the phase-locked loop, the VCM may be used as a fixed oscillator (plug crystal into capacitor pins and ground control input), in simple A to D converter systems, and as an FM modulator.

FIGURE 4 – PHASE-LOCKED, FREQUENCY SYNTHESIZER LOOP

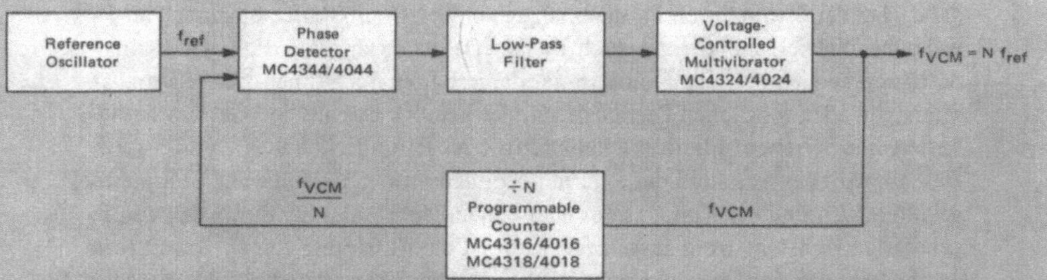

Spannungsgesteuerter Oszillator

Das Bild zeigt die Schaltung des spannungsgesteuerten Oszillators (VCO). Um eine geringe Leistungsaufnahme des ganzen Systems zu gewährleisten, ist es wünschenswert, daß das Tiefpaßfilter nur wenig Leistung verbraucht. Diese Forderung führt z.B. bei einem RC-Filter zum Einsatz eines hohen Widerstandswertes und eines niedrigen Kapazitätswertes. Der VCO-Eingang darf jedoch das Filter nicht belasten oder seine Charakteristik verändern. Da die abgebildete VCO-Konzeption sich durch eine N-Kanal-MOS-Eingangsstufe mit praktisch unendlich hohem Eingangswiderstand auszeichnet, verbleibt ein weiter Spielraum für die Dimensionierung des Tiefpaßfilters.

Die dargestellte VCO-Schaltung arbeitet wie folgt: Liegt der Sperreingang auf niedrigem Potential (logisch „0"), so wird P_3 voll durchgeschaltet und verbindet dadurch die Source-Anschlüsse von P_1 und P_2 mit V_{DD}. Die Gatter 1 und 2 arbeiten als NOR-Gatter-Flipflop. N_1 bildet zusammen mit dem externen Widerstand R_1 einen Source-Folger. Liegt der Wert von R_1 um mindestens eine Größenordnung über dem Durchlaßwiderstand von N_1 ($> 10\ k\Omega$), so hängt der Strom durch R_1 linear von der VCO-Eingangsspannung ab. Dieser Strom fließt auch durch P_1, der zusammen mit P_2 einen Stromspiegel (current mirror) bildet. Der externe Widerstand R_2 liefert einen zusätzlichen Konstantstrom durch P_1, mit dem die Betriebsfrequenz des VCO bei der Eingangsspannung Null festgelegt werden kann. Der Stromspiegel sorgt dafür, daß der Strom durch P_2 unabhängig von der Drain-Source-Spannung an P_2 weitgehend gleich dem Strom durch P_1 ist. (Das ist so lange der Fall, wie P_2 im Sättigungsbereich betrieben wird. In der dargestellten Schaltung ist diese Voraussetzung in allen möglichen Betriebszuständen erfüllt). Das aus den Gattern 1 und 2 bestehende Set/Reset-Flipflop schaltet entweder P_4 und N_3 oder P_5 und N_2 ein. Deshalb wird ein Anschluß des externen Kondensators C_1 ständig auf Erdpotential gehalten, während der Kondensator über den anderen Anschluß durch den von P_2 gelieferten Konstantstrom aufgeladen wird. Ist die Aufladung von C_1 soweit fortgeschritten, daß der Übernahmepunkt von Inverter 1 bzw. 2 erreicht ist, so ändert das Flipflop seinen Zustand. Der vorher freie Anschluß des Kondensators wird auf Erdpotential gelegt. Dadurch wird der andere Anschluß negativ, und der Kondensator entlädt sich schnell über die Drain-Diode des ausgeschalteten N-Kanal-FETs. Damit beginnt die nächste Halbperiode. Da die Inverter 1 und 5 gleiche Übernahmepunkte haben, beträgt das Tastverhältnis des VCO-Signals 50 %. Die Inverter 1 bis 4 und 5 bis 8 haben verschiedene Funktionen: 1. versteilern sie den langsamen Anstieg der Spannung am Kondensator C_1 zu einem Sprung am Eingang des Flipflops. 2. sorgen sie durch die Verwendung hochohmiger Bauelemente für die Inverter 1 und 5 (Stufen mit langsam veränderlichem Eingangssignal) für geringe Leistungsaufnahme. 3. sorgen sie durch die Verlängerung des Flipflop-Triggerimpulses um vier Inverter-Signalverzögerungszeiten für ein einwandfreies Hin- und Herkippen.

Um das Tiefpaßfilter nicht zu belasten, ist ein zusätzlicher Source-Folger-Ausgang (demodulierter Ausgang) für das VCO-Eingangssignal vorgesehen. Soll dieser Ausgang verwendet werden, so ist ein Lastwiderstand (R_s) von mindestens 10 kΩ zwischen diesen Ausgang (Anschluß 10) und Masse zu schalten. Wird er nicht benutzt, so sollte dieser Anschluß offen bleiben. Liegt am Sperreingang eine logische „0", so sind VCO und Source-Folger in Betrieb. Durch eine logische „1" werden beide abgeschaltet, um die Leistungsaufnahme im Ruhestand auf ein Minimum zu begrenzen.

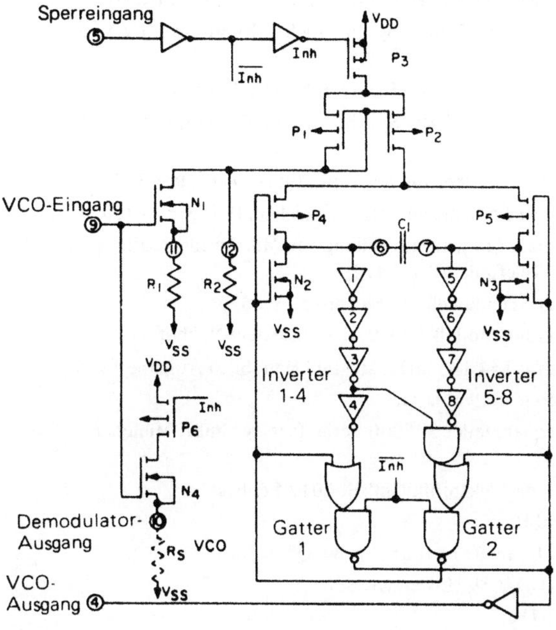

Schaltbild des VCO-Teils der COS/MOS PLL-Schaltung

Literaturverzeichnis

[1] *Mallon, R.:* Phase-locked loop, Intern. Elektr. Rundschau (IER) H. 10 (1972)

[2] *Gardner, F. M.:* Phaselock Techniques, John Wiley, 1966 und 1967 (2. Ausgabe)

[3] *Schober:* Prinzip des Phasensynchronfilters. Intern. Elektr. Rundschau, Heft 7 (1971)

[4] *Moschytz:* Miniaturized RC filters using phase locked loop. Bell Syst. T. J.-vol. 44, Mai 1965

[5] *Sülzer, P.:* Phasengeregelte Oszillatoren. Elektronik, Heft 12 (1974)

[6] *Müller, K. H.:* Der Phasenregelkreis. Intern. Elektron. Rundschau, Heft 8 (1971)

[7] *Best, R.:* Theorie und Anwendungen der phase-locked loops. AT-Verlag Stuttgart

[8] *Klinger, R.:* Schaltungen der Frequenzaufbereitung, Int. Elektr. Rundschau, Heft 12 (1974)

[9] *Frühauf, T.:* Die Technik der Frequenzsynthese, Elektronik, Heft 4 (1973)

[10] *Rohde, U. L.:* Aufbau und Anwendung digitaler Synthesizer. Funkschau, Heft 9, 10, Franzis-Verlag 1973

[11] *Hirschelmann:* Digitaler Synthesizer für den Amateurfunk, Funkschau, Heft 3 (1973)

[12] Funktechnische Arbeitsblätter: Der Phasenregelkreis. Funkschau, Heft 3, 5, 7 (1977)

[13] *Lier, Oberbeck:* Oktavbreite digitale Frequenzeinstellung von Mikrowellenoszillation. Wissenschaftliche Berichte AEG-Telefunken 43 (1970)

[14] *Nash, G.:* Phase-locked loop design fundamentals. Motorola, AN-535

[15] Motorola: Mocat citizens band radio, Modell T2020A, Taunusstein-Neuhof

[16] Motorola: Frequenz-synhtesizer für 144-146 MHz, McMOS Handbuch Ausgabe 1975

[17] Motorola: MC4344, MC4044, 4024 Datenblätter

[18] *Plessey:* Frequenz-Synthese, Frequenzteiler SP8000 Serie. Plessey GmbH München, Motorstr. 56

[19] XR-215 (Datenblatt): Firma Gonda Elektronik GmbH, 7012 Fellbach

[20] SL650 (Datenblatt): Plessey GmbH

[21] RCA: Digital integrated circuits JCAN-6374 (Firma Neye-Quickborn)

[22] RCA: Digital integrated circuits CD4059 (Listen-Nr. 898)

[23] RCA: CMOS PLL, ICAN-6101/6716

[24] Motorola: An ADF Frequency syntheser utilizing phase-locked loops IC's AN-564

[25] *Nestler:* Synthesizer-Tuner aus deutscher Fertigung. Funkschau, Heft 20 (1976)

[26] *Feichtinger, H.:* 2m-FM-Handfunksprechgerät mit 80-Kanal Synthes. Funkschau, Heft 18 (1976)

[27] *Jahn, G.:* PLL-Stereo-Decoder SN 76115 von Texas Instrum. Funkschau, Heft 7 (1975)

[28] Yamada: Quadro-Receiver der neuen Generation. Funkschau, Heft 7 (1975)

[29] Signetics: Applications-book August 1974, München, Dantestr. 29

[30] Hewlett-Packard: Application & Performance of the 8671A und 8672A microwave synthesizers, Appl. Note 218-1 (Febr. 1977)

[31] Hewlett-Packard: New Techniques for Analyzing PLL, Appl. Note 164-3

[32] *Augustin, P.:* Technische Fortschritte auf dem Gebiet der Netzwerkanalyse, mikrowellen magazin, Heft 4 (1974), Sprechsaal-Verlag Coburg

[33] Siemens: Schaltbeispiele, Ausgabe 77/78, Seite 17 und Bauteile-Report 3/77 (S. 187 ein universeller PLL-Baustein)

[34] Pruss: Digitales Phasenwinkelmeßgerät, Elektronik, Heft 5 (1976)

[35] *Keßler, F.:* Phasenmesser mit PLL, Abschlußarbeit Fachhochschule Ulm

[36] *Utz, W.:* Anwendung einer PLL zur phasenstarren Frequenzvervielfachung. Elektroniker (AT-Verlag), Heft 8 (1976)

[37] *Kuo, B.:* Automatic Control Systems, Prentice-Hall, Inc. New Jersey 1962 (Beitrag zur Wurzelortskurventechnik)

[38] HMS Elektronik: IN LOCK-Verstärker, Am Arenzberg, 5090 Leverkusen

[39] S.d. Mello: AM-FM-Demodulation mit PLL. micro electronic information

[40] Motorola: phase locked loop Data book 1973

[41] *Fritze, B.:* Eine Frequenz- und Phasenvergleichsschaltung für großen Frequenzbereich. NTZ Heft 8 (1971)

[42] Topic: Phase Detector Gain Consant, Motorola AN-532

[43] *Eckert, K.-D.:* Phasensynchronisation von HF-Oszillatoren gleicher und dicht benachbarter Frequenzen. Intern. Elektronik, Rundschau, Heft 6 (1967)

[44] *Wiechert, D.:* Phasenmodulator mit phasengeregelten Oszillatoren, Frequenz Heft 12 (1968)

[45] *Hartl, P.:* Das Prinzip des „Phase locked loop". Raketentechnik und Raumfahrtforschung Band 8 (1964)

[46] *Weiß, R.:* Uhrzeit- und Normalfrequenzempfänger für DCF 77. Funkschau, Heft 22–26 (1976)

[47] *Herrigel, K.:* Dekadisch einstellbarer Bittgenerator. Intern. Elektronik, Rundschau, Heft 4 (1973)

[48] *Koken, K.:* Prinzipien digitaler Synthesizer, Elektronik, Heft 11 (1976)

[49] *Kral, W.:* CB-Funk, nachrichten elektronik, Heft 10 (1977)

[50] *Fleischhauer:* Frequenzsynthese für das 11 m-Band mit integrierten Schaltkreisen, nachrichten elektronik, Heft 10 (1977)

Sachwortverzeichnis

GPSR Compliance

The European Union's (EU) General Product Safety Regulation (GPSR) is a set of rules that requires consumer products to be safe and our obligations to ensure this.

If you have any concerns about our products, you can contact us on ProductSafety@springernature.com

In case Publisher is established outside the EU, the EU authorized representative is:

Springer Nature Customer Service Center GmbH
Europaplatz 3
69115 Heidelberg, Germany

Batch number: 10577876

Printed by Printforce, the Netherlands